Mehmet Tahir Öncü

Kulturspezifische Aspekte in technischen Texten

Forum für Fachsprachen-Forschung
Hartwig Kalverkämper (Hg.)

Band 109

Mehmet Tahir Öncü

Kulturspezifische Aspekte in technischen Texten

Eine Analyse deutsch- und türkischsprachiger Gebrauchsanleitungen

Frank & Timme
Verlag für wissenschaftliche Literatur

ISBN 978-3-86596-517-2
ISSN 0939-8945

Herstellung durch das atelier eilenberger, Taucha bei Leipzig.
Printed in Germany.
Gedruckt auf säurefreiem, alterungsbeständigem Papier.

www.frank-timme.de

Im Gedenken an meine liebe Mutter

Foto: Brücke in Mardin (Hasankeyf), einem Ort in Süd-Ost Anatolien

Vorwort

Nachdem ich mich in meinen Publikationen *Probleme interkultureller Kommunikation bei Gerichtsverhandlungen mit Türken und Deutschen* (2011) und *Die Rechtsübersetzung im Spannungsfeld von Rechtsvergleich und Rechtssprachvergleich: Zur deutschen und türkischen Strafgesetzgebung* (2012) mit den Themen *Recht, Sprache* und *Übersetzung* auseinandergesetzt habe, widme ich mich in dieser Arbeit einem weiteren Feld der Fachsprache und der Fachübersetzung. Das Gebiet „Technik und Sprache" hat mich so sehr beeindruckt, dass ich mich, auch auf Anregungen von Prof. Dr. Reiner Arntz (†) hin, entschieden habe, eine Arbeit zum Thema *technische Übersetzung* zu verfassen. Nach den notwendigen Recherchen entschloss ich mich, die Textsorte der GEBRAUCHSANLEITUNGEN im Sprachenpaar Deutsch – Türkisch zu untersuchen. So entstand die Thematik meiner Arbeit:

Kulturspezifische Aspekte in technischen Texten:
Eine Analyse deutsch- und türkischsprachiger Gebrauchsanleitungen.

An dieser Stelle möchte ich mich bei Prof. Dr. Reiner Arntz, der im Dezember 2012 plötzlich verstorben ist, für die wegweisenden Anregungen und insbesondere dafür, dass er meine Arbeit mit wertvollen fachlichen Kommentaren und kritischen Bemerkungen geduldig begleitet hat, sehr herzlich bedanken.

Mein weiterer Dank gilt Frau Prof. Dr. Yadigar Eğit, die mich trotz ihrer zeitlichen Belastungen durch ihre Hilfsbereitschaft unterstützt hat, sowie Herrn Univ. Doz. Dr. Faruk Yücel, dem Abteilungsleiter für Übersetzen und Dolmetschen, der mir großzügig die erforderliche Zeit zum Schreiben meiner Arbeit eingeräumt hat. Darüber hinaus möchte ich mich bei allen Mitgliedern der Germanistischen Abteilung und der Abteilung für Übersetzen und Dolmetschen, vor allem bei Assist.Prof. Dr. Nilgin Tanış Polat, die das Korrekturlesen übernommen hat, und Dr. Saniye Uysal Ünalan bedanken.

Des Weiteren bin ich Prof. Dr. Christoph Schröder und Karin Schmidt, die ebenso die Korrekturlesungen übernommen haben, und Prof. Dr. Dr. h.c. Hartwig Kalverkämper, der mir die notwendige Literatur und seine fachlichen Ratschläge zur Verfügung gestellt sowie eine kritische Gesamtdurchsicht des Typoskripts und die Layout-Arbeiten vorgenommen hat, zu Dank verpflichtet.

Den Mitarbeitern des Verlages Frank & Timme und der Verlegerin Frau Dr. Karin Timme danke ich für die schnelle, professionelle und gründliche redaktionelle Vorbereitung des Typoskripts für die Drucklegung.
Mein herzlicher Dank gilt ebenso meinen Studierenden der *Technischen Übersetzung* an der Ege Universität, die als erste mit den neuen Ansätzen konfrontiert waren. Dank der behandelten Themen und der tatkräftigen Teilnahme an den Seminaren sowie ihrer kritischen und inhaltlichen Auseinandersetzung mit meinen Konzepten konnte ich zahlreiche Präzisierungen an meinen Thesen vornehmen.
Ganz herzlich möchte ich mich auch bei meinen Freunden Gabi, Artur, Halit, Jürgen, Udo und bei meinem Freund Joachim Stöber bedanken.
Nicht zuletzt bedanke ich mich bei meiner Familie und bei meiner lieben Frau Senem Öncü, die mir während meiner Arbeit viel Geduld entgegengebracht hat. Ihr Verständnis hat mir die Kraft gegeben, meine Arbeit trotz meiner Hochschulverpflichtungen in relativ kurzer Zeit abzuschließen.

Izmir, im April 2013 — Mehmet Tahir Öncü

INHALTSVERZEICHNIS

Abkürzungsverzeichnis

Abb.	Abbildung
AECMA	*Association Européenne des Constructeurs de Matériel Aérospatial*
AT	Ausgangstext
bzw.	beziehungsweise
ca.	circa
d.h.	das heisst
de.	deutsch/Deutsch
D	Direktivum
durchschnittl.	durchschnittlich
ebd.	ebenda
EDV	Elektronische Datenverarbeitung
eS	einfacher Satz
et al.	et alii (‚und andere')
f.	folgende
ff.	folgende (Seiten)
ggf.	gegebenenfalls
kS	komplexer Satz
Kon.S.	Konditionalsatz
lat.	Lateinisch/Latein
M.ZS.	Mehrfach zusammengesetzter Satz
o.ä.	oder ähnliches
R	Repräsentativum
s.	siehe
S	Satz
SG	Satzgefüge
SV	Satzverbindung
SE	Simplified English
sog.	sogenannt
Tab.	Tabelle
tr.	türkisch/Türkisch
u.a.	und andere
u.dgl.	und dergleichen

u.U.	unter Umständen
usw.	und so weiter
UTC	Universal Time Coordinated
vgl.	vergleiche
vs.	versus
z.B.	zum Beispiel
ZT	Zieltext

Abbildungsverzeichnis

Tabellenverzeichnis

In Dir muss brennen,
was Du in anderen entzünden willst.
Aurelius Augustinus (354–430)

0 Einleitung

0.1 Gegenstand der Arbeit

Die technischen Entwicklungen der letzten Jahren haben dazu geführt, dass eine kaum mehr zu überblickende Zahl von technischen Geräten auf den Markt kommt, die über immer mehr Eigenschaften und Funktionen verfügen und mit denen immer mehr Menschen sowohl im beruflichen als auch im privaten Alltag ununterbrochen konfrontiert werden. Diese unaufhaltsame „Technisierung" des alltäglichen Lebens hat zu zahlreichen neuen Formen von Kommunikation mit und über Technik geführt. Im Zusammenhang mit der unaufhaltsam zunehmenden Spezialisierung in allen Bereichen der Technik entstehen neuartige Kommunikationsschwierigkeiten. Besonders bemerkbar macht sich dies unter anderem bei den Schwierigkeiten, die es bereitet, einen technischen Instruktionstext zu verstehen und ihn auf die Handhabung eines Geräts anzuwenden. Jeder, der einmal erfolglos versucht hat, die Einstellungen seines Mobiltelefons zu ändern, ein Möbelstück mithilfe einer Anleitung richtig aufzubauen oder seinen Satelliten-Receiver selbst zu programmieren, weiß, zu welchen Enttäuschungen eine misslingende technische Kommunikation in diesem Bereich führen kann. Klagen über unverständliche Gebrauchsanleitungen gehören schon fast zur Alltagskultur und werden auch regelmäßig in den Medien durch Berichte und Nachrichten gepflegt. Doch statt diesen – problematischen – Aspekt hervorzuheben, sei hier zunächst einmal die unbestreitbare Bedeutung der von Tag zu Tag zunehmenden technischen Kommunikation festgehalten.

Mit der Bedeutung technischer Kommunikation nimmt auch die Menge an Produktdokumentationen in unserer Gesellschaft[1] beständig zu. Dazu zählen

[1] Göpferich (2006: 3) bezeichnet unsere heutige Gesellschaft als Informations- und Kommunikationsgesellschaft. Dabei gilt es zu berücksichtigen, dass diese Schlagwörter auf zweierlei Weise verstanden werden können und müssen: Zum einen

neben den intralingualen technischen Texten auch die interlingualen technischen Texte. Die internationale wirtschaftliche Verflechtung, die Globalisierung der Märkte und die Dynamik der heute global ablaufenden zivilisatorisch-technologischen Prozesse führen zu einer Schrumpfung der Zeit- und Raumdimension sowie zur Zunahme von Produktdokumentation. In diesem Zusammenhang hängt die Funktionsfähigkeit in entscheidendem Maße von einer reibungslosen internationalen und vor allem auch interkulturellen Kommunikation ab. So wäre die Folge einer schlechten Fachübersetzung eine unglückliche Kommunikation, die ihrem Zweck nicht gerecht werden würde. Demzufolge kommt dem technischen Übersetzer und der technischen Übersetzung im Zuge der Globalisierung eine wachsende Bedeutung zu. In der Tat nimmt die Zahl der Übersetzungen in einem solchen Maß zu, dass unser Zeitalter immer wieder als „Jahrhundert der Übersetzung" bezeichnet wird (Schmitt 1999: 14).

---

handelt es sich um eine Gesellschaft der verbesserten technischen Informations- und Kommunikationsmöglichkeiten. Hier ist an die Telekommunikation, insbesondere die Datenautobahnen zu denken, die Distanzen zwischen Kommunikationspartnern nahezu vernachlässigbar gemacht haben. Jede Art von Information lässt sich in digitaler Form nahezu ohne Zeitverluste an beinahe jeden beliebigen Ort der Welt übertragen und auch von nahezu jedem Ort der Welt aus abrufen. Diese Möglichkeiten stehen jedoch nur demjenigen offen, der sie auch zu nutzen versteht. Um ihre Nutzung zu erlernen sind wir wiederum auf einen Informationszufluss seitens der Fachleute angewiesen. Der Begriff der Informations- und Kommunikationsgesellschaft kann zum anderen aber auch im Sinne einer Gesellschaft interpretiert werden, die mehr als jemals zuvor auf (verständliche) Informationen und Kommunikation angewiesen ist, wobei man zwei Arten des Angewiesenseins unterscheiden kann: Erstens benötigen wir *Anwendungswissen,* das es uns erlaubt, die Möglichkeiten des technischen Fortschritts praktisch zu nutzen und hierdurch beispielsweise auf neue Informationen (z.B. via Internet) zugreifen zu können. Zweitens brauchen wir eher ‚theoretisches Wissen', das es uns ermöglicht, Entwicklungen zu verstehen, um sie in ihren positiven wie negativen Folgen abschätzen zu können. Letzteres gilt insbesondere für solche Entwicklungen, deren Einsatz bzw. Betrieb Experten vorbehalten bleibt, die jedoch Auswirkungen auf die Lebensqualität der Gesamtbevölkerung haben können. Man denke hier beispielsweise an die Nutzung der Gentechnologie auf dem Nahrungsmittelsektor und in der Fortpflanzungsmedizin sowie an Fortschritte in der Krebsfrüherkennung und -behandlung sowie der AIDS-Therapie, die die Bevölkerung nur dann optimal nutzen kann, wenn sie entsprechend aufgeklärt wird.

0.2 Fragestellung und Zielsetzung

Im Folgenden wird zunächst diejenige Kategorie von technischen Texten näher betrachtet, mit deren Erstellung Übersetzer am häufigsten befasst sind, nämlich *Mensch/Technik interaktionsorientierte Texte* (Göpferich 1995: 128f.; 1996: 67f.; 1998: 145f.; 2006: 29f.).

Beispiele für solche Texte sind Gebrauchsanleitungen aller Art. In der heutigen Zeit können Gebrauchsanleitungen als ein Massenkommunikationsmittel gelten. Sie dienen in einer technisierten Gesellschaft (Ropohl 1988: 84) der Orientierung ihrer Mitglieder und der Techniksozialisation.

Mit der vorliegenden Arbeit wird das Ziel verfolgt, einen Beitrag zur systematischen Analyse der mono- und multilingualen Gebrauchsanleitungen zu leisten.

Die verwendeten Gebrauchsanleitungen sind thematisch, sprachlich und auch zeitlich eingeschränkt:

- Die thematische Begrenzung erstreckt sich dabei auf Gebrauchsanleitungen, die für Weiße Ware (Haushaltsgeräte) verfasst sind. Damit konnten in der Auswertung Uneinheitlichkeiten vermieden werden, die allein auf der unterschiedlichen Thematik beruhen. Gleichzeitig sind die entsprechenden Geräte weit verbreitet. Ihre Anleitungen können als prototypische Gebrauchsanleitungen betrachtet werden. Da sich alle Texte an Leser ohne Vorkenntnisse richten, konnten auch die Merkmale der Rezipientenschicht weitgehend konstant gehalten werden.
- Die sprachliche Einengung bezieht sich auf das Sprachenpaar Türkisch–Deutsch, weil dieses Forschungsterrain bislang unangetastet geblieben ist.
- Die zeitliche Einschränkung betrifft den Untersuchungszeitraum, der auf die Gegenwart eingegrenzt wurde. Da gerade im heutigen Alltag die elektrischen Geräte einer größeren Zahl von Verbrauchern zugänglich sind, ist eine gründliche und systematische Analyse der gegenwärtigen Gebrauchsanleitungen höchst relevant. Generell kann man das Sprachmaterial für beide Sprachen überwiegend auf das Jahr 2012 eingrenzen.

Zur Abdeckung eines möglichst breiten Spektrums an Gebrauchsanleitungen ist das Korpus unabhängig von der Herstellermarke bestimmt. Allerdings führte die geringe Anzahl verfügbarer türkischer Gebrauchsanleitungen für den intersprachlichen Vergleich zu gewissen Einschränkungen. Die breite Angebotsvielfalt an den deutschen Gebrauchsanleitungen im Internet hat hingegen eine große Auswahl bereit gestellt[2].

Das zweite Ziel der vorliegenden Analyse ist die Überprüfung spezifischer Charakteristika der Text- und Satzmerkmale deutsch- und türkischsprachiger Gebrauchsanleitungen. Es soll aufgezeigt werden, welche sprachlichen Eigentümlichkeiten des deutschen bzw. türkischen Sprachsystems in den Gebrauchsanleitungen zum Vorschein kommen.

Diese Zielsetzungen werden im Folgenden dadurch präzisiert, dass die Arbeit einen theoretischen und einen empirischen Teil umfasst.

- Der theoretische Teil besteht aus zwei Hauptkapiteln, die das Analysefeld grundlegend darlegen sollen.
- Im empirischen Teil werden sodann die Analysekriterien der Text- und Satzebenen präsentiert und schließlich am ausgewählten Korpus überprüft.

Von den beiden oben erwähnten Zielsetzungen ausgehend wird die vorliegende Untersuchung in drei Kapitel unterteilt:

Die theoretische Grundlage dieser Arbeit erstreckt sich, wie oben erwähnt, über die ersten beiden Kapitel.

Das **erste Kapitel** untersucht das Themenumfeld „Kultur und Kulturübertragung in technischen Texten", wobei vor allem das interkulturelle Verhältnis dieser beiden Kulturen kontrastiv hervorgehoben wird, um eine solide Untersuchungsgrundlage für den empirischen Teil herzustellen. Es ist daher nicht beabsichtigt, auf diesen wenigen Seiten möglichst viele kulturwissenschaftlichen Fachausdrücke und Definitionen vorzustellen und dem Leser eine Art kulturwissenschaftliches Nachschlagewerk zu liefern. Vielmehr sollen an dieser Stelle für die vorliegende Arbeit wichtige theoretische Grundlagen der behandelten Disziplinen besprochen werden, um eine Basis für den empirischen Teil zu schaffen.

Der komplizierte Sachverhalt *Kultur* und *Kulturübertragung* soll im ersten Kapitel in vier Punkten umrissen und ausgearbeitet werden: Abschnitt 1.1 und 1.2 beschäftigen sich mit den Themen „Kultur – Allgemein" und der „Hierarchie kultureller Spezifik". In Anbetracht der Komplexität des Gegenstandes ist es dabei allerdings weder möglich, eine umfassende Übersicht über alle relevanten

---

[2] Vgl. Kap. 3.1.

Fachbereiche zu geben, noch die berührten Fachbereiche eingehend zu behandeln. Aus diesem Grund werden die für diese Arbeit notwendigen Grundkenntnisse zum Begriff „Kultur“ und zur „Hierarchie der kulturellen Spezifik“ dargelegt. Dabei wird der „Kulturbegriff“ zuerst mit Bezug auf unterschiedliche „Hierarchiestufen“ herausgearbeitet, bevor der für diese Arbeit zugrunde gelegte Kulturbegriff bestimmt wird. Der dritte Abschnitt (1.3) ist der „Kulturdifferenz” gewidmet. In diesem Abschnitt wird auf die „differenten Kulturdimensionen zwischen Türken und Deutschen“ eingegangen, denn auch für die Praxis gilt, was Hofstede (2011: V f.) als im globalen Management notwendig erachtet: „Kulturelle Differenzen sind [...] durchaus vorhersehbar, aber dazu müssen sie zuerst erkannt und danach ‚gemanaged‘ “ werden. Durch die zunehmende Globalisierung der interkulturellen Kommunikation wird die Wahrscheinlichkeit, dass eine in einem bzw. für ein Unternehmen erstellte Gebrauchsanleitung unübersetzt bleibt, immer geringer. Folglich müssen immer mehr Texte übersetzungsgerecht erstellt werden, um sicherzustellen, dass sich der anschließende Übersetzungs- bzw. Lokalisierungsprozess möglichst effizient und kostengünstig gestaltet. Der vierte Abschnitt (1.4) dieses Kapitels widmet sich dem Themengebiet der *Lokalisierung* und *Internationalisierung* und stellt, ausgehend von den kulturellen Grundlagen, die Beziehung von „Übersetzen: Lokalisierung und Internationalisierung“ dar. Daraufhin werden die Internationalisierungs- und Lokalisierungsstrategien erläutert und mit entsprechenden Beispielen aus dem Untersuchungsmaterial versehen.

Das **zweite Kapitel** umfasst das weite Feld der „Gebrauchsanleitungen als Fachtextsorte“. Es werden zunächst die Hintergründe der „Universalität oder Kulturgebundenheit von Textsortenkonventionen“ dargelegt. In einem zweiten Schritt wird das Themengebiet der „Gebrauchsanleitung – ‚Ein Kind unserer Zeit‘ “ behandelt.

Das Hauptanliegen der Arbeit wird im **dritten Kapitel** aufgegriffen, in dem sowohl die textuellen als auch die syntaktischen Analysekriterien für Gebrauchsanleitungen auf der „Ebene des Textes“ und auf der „Ebene des Satzes“ *kontrastiv* hervorgehoben werden. Die kontrastive Analyse verfolgt das Ziel, sprachwissenschaftliche, kulturelle und übersetzungswissenschaftliche Besonderheiten, die sich aus den Gebrauchsanleitungen von Firmen des nationalen und internationalen Marktes ergeben, zu erforschen. Dem Prinzip

„vom Allgemeinen zum Speziellen" folgend, rückt im ersten Abschnitt zunächst die Textebene in den Vordergrund[3]. Hier werden diejenigen Textmerkmale untersucht, die am häufigsten in der Literatur bearbeitet werden und auch zur Analyse der deutschen und türkischen Sprache geeignet sind. Die textuellen und syntaktischen Untersuchungen basieren in erster Linie auf einer qualitativen Erforschung der Texte, die mit quantitativen Angaben ergänzt werden. In diesem Kapitel soll die Analyse der textuellen und syntaktischen Ebene der ausgewählten Gebrauchsanleitungen durchgeführt werden. Bevor die textuellen und syntaktischen Besonderheiten der Gebrauchsanleitungen thematisiert werden, werden zunächst das Untersuchungskorpus und die statistischen Befunde der Arbeit erläutert. Anschließend wird das methodische Vorgehen (3.2) geschildert. Die textuelle Analyse (3.3) bezieht drei Teilaspekte ein: *Makrostruktur, Sprechakte* und *Personeneinbezug*. Hierfür werden die Analysekriterien im Sinne der vorliegenden Arbeit vorgestellt. Im ersten Abschnitt wird die *Makrostruktur* der mono- und multilingualen Gebrauchsanleitungen untersucht (3.3.1). Im zweiten Abschnitt werden die Einheiten der *Sprechakte – 1. Repräsentative; 2. Direktive; 3. Kommissiva; 4. Expressiva; 5. Deklarativa* – samt den einschlägigen Beispielen aus den türkischen und deutschen Gebrauchsanleitungen besprochen (3.3.2). Schließlich sollen bestimmte Auswahlkriterien für *Personeneinbezug* (3.3.3) in Gebrauchsanleitungen aufgestellt werden. Bei den ausgewählten Analysekriterien werden die deutschen und türkischen Gebrauchsanleitungen in jedem Unterabschnitt durch einen Vergleich untersucht.

Der nächste Abschnitt (3.4) wendet sich der nächsttieferen Sprachbeschreibungsebene zu. Hier wird die *Ebene des Satzes* unter linguistischen Gesichtspunkten fokussiert. Das syntaktische Analyseverfahren basiert, wie bei der textuellen Ebene, in erster Linie auf einer qualitativen Analyse, die mit quantitativen Angaben ergänzt wird. Der Analyseprozess erfolgt konstrativ, parallel zur Untersuchung der textuellen Ebene. Im ersten Unterabschnitt wird das Analysekriterium *Passivgehalt* (3.4.1) eingehend thematisiert. Wie bei den vorigen Analysekriterien wird mithilfe dieses Kriteriums die Beziehung der deutschen und türkischen Gebrauchsanleitungen geprüft und untersucht,

[3] Vgl. Kap. 3.2.

inwieweit sie Gemeinsamkeiten und Unterschiede aufzeigen. Im zweiten Schritt der Analyse werden die einzelnen Sätze der Gebrauchsanleitung anhand des Analysekriteriums *Syntaktische Komplexität* (3.4.2) – *einfacher Satz; komplexer Satz* – analysiert. Der syntaktischen Analyse folgt die Bestimmung der Nebensatzkategorien (3.4.3), darunter die für das Deutsche hauptsächlich auf Grund semantischer Kriterien etablierten Nebensatzeinheiten. Die türkischsprachigen Gebrauchsanleitungen werden sodann nach den Nebensatzkriterien der türkischen Sprache erörtert. In engem Bezug zu dieser Diskussion schließt die Arbeit mit einer Zusammenfassung der wichtigsten Ergebnisse, der damit verbundenen Implikationen für die Übersetzungspraxis sowie einem Ausblick ab.

Eine Untersuchung, wie die in dieser Arbeit vorgenommen, ist ihrem Wesen nach nur interdiziplinär konzipierbar und durchführbar und verbindet mithin Ergebnisse und Methoden der Sprachwissenschaft, der Kulturwissenschaft und der Translatologie. Der wissenschaftliche Schwerpunkt liegt dabei auf der linguistischen Analyse. Ergänzt wird diese durch Ergebnisse aus der Kulturwissenschaft und der Übersetzungswissenschaft. Gleichzeitig situiert sich diese Arbeit jedoch auch zwischen den erwähnten wissenschaftlichen Theorien und den Anforderungen der Praxis.

In diesem Zusammenhang konzentriert sich die vorgenommene Untersuchung vor allem auf die folgende deskriptive Problemstellung:

> *Welche textuellen und syntaktischen sowie sprach- und kulturübergreifenden Merkmale sind in türkisch- und deutschsprachigen mono- und multilingualen Gebrauchsanleitungen zu erkennen?*

Ziel ist es, eine überschaubare Anzahl von Kriterien und Kategorien mit hoher Fallabdeckung zu finden, mit deren Hilfe sich Aussagen darüber machen lassen, in welcher Weise und in welchen Textelementen kulturspezifische Inhalte vorkommen.

0.3 Forschungsüberblick

Zur kontrastiven Erforschung der deutschen und türkischen Gebrauchsanleitung liegen, wie bereits oben erwähnt, bisher keine ausführlichen Untersuchungen vor. Die vorliegende Arbeit möchte u.a. diese Lücke schließen. Um einen relativ kompakten Überblick über die in Deutschland bereits realisierten und aktuell laufenden Projekte zu erhalten, sollen zunächst einige interessante und aufschlussreiche Studien und Projekte zu diesen Forschungsbereichen vorgestellt werden.

Die aktuellen Studien in Deutschland sind Brigitte Horn-Helfs *Konventionen technischer Kommunikation: Makro- und mikrokulturelle Kontraste in Anleitungen* (2010) und *Kulturdifferenz in Fachtextsortenkonventionen: Analyse und Translation* sowie Sylvia Reinarts *Kulturspezifik in der Fachübersetzung* (2009). Ferner ist die 2009 von Hartwig Kalverkämper und Larisa Schippel herausgegebene Publikation *Translation zwischen Text und Welt: Translationswissenschaft als historische Disziplin zwischen Moderne und Zukunft* als eine bedeutsame Veröffentlichung auf diesem Terrain zu nennen.

Das Teilgebiet der technischen Übersetzung ist besonders durch Brigitte Horn-Helfs Publikation *Technisches Übersetzen in Theorie und Praxis* (1999) geprägt. In eine ähnliche Richtung weist das Werk *Gebrauchsanleitungen: Ein Beitrag zur Textsortengeschichte seit 1950* von Markus Nickl (2001). Der Autor untersucht die Entwicklung der Textsorte Gebrauchsanleitung am Beispiel ausgewählter Anleitungen. Er beschäftigt sich mit der Frage, inwiefern Forderungen der Verständlichkeitsforschung in den Texten des verwendeten Korpus Berücksichtigung finden, wobei sowohl quantitative als auch qualitative Veränderungen erfasst werden. Die Studie analysiert unterschiedliche Gebrauchsanleitungen im Hinblick auf ihre soziologischen, textlinguistischen und betriebswirtschaftlichen Implikationen.

Einen wichtigen Beitrag zum Forschungsfeld Anweisungstexte geben Siegfried Grosse und Wolfgang Mentrup mit ihrer Publikation *Anweisungstexte* (1982). Die wissenschaftlichen Beiträge dieses Bandes zeigen, dass das Thema der Anweisungstexte schon lange nicht nur durch Gebrauchsanleitungen besetzt ist. Grosse/Mentrup gehen gleichzeitig auf die Bedeutung von Packungsbeilagen als Anweisungstexte ein.

Es gibt weit weniger Forscher in der Türkei als in Deutschland, die sich mit dem Thema der Techniksprache bzw. mit technischer Übersetzung von Gebrauchsanleitungen beschäftigen, wodurch sich die bisherigen Forschungen in der Türkei auf sehr wenige und kurze Studien beschränken. Eine der wenigen wissenschaftlichen Beiträge, die im Bereich der technischen Sprache vorgelegt wurde, ist die Arbeit von Filiz Aksöz aus dem Jahr 2005 mit dem Titel *Almanca Teknik Metinlerin Türkçeye Çevirisinde Ortaya Çıkan Çeviri Güçlükleri ile Teknik Çevirinin Çeviri Eğitimindeki Yeri ve Önemi (Schwierigkeiten bei der Übersetzung technischer Texte aus dem Deutschen ins Türkische und die Rolle und Bedeutung der technischen Übersetzung in der Übersetzerausbildung)*. In dieser Studie untersucht die Autorin technische Fachtexte hinsichtlich ihrer Übersetzungsschwierigkeiten aus dem Deutschen ins Türkische. Gegenstand ihrer Untersuchung sind Gebrauchsanleitungen und Betriebsanleitungen aus dem Bereich der Kfz-Mechanik. Des Weiteren wurde 1999 eine Studie mit dem Titel *Çeviribilim ve Anlaşılırlık Araştırmaları Açısından Buzdolabı Kullanma Kılavuzları (Gebrauchsanleitungen von Kühlschränken im Rahmen der Übersetzungswissenschaft und Verständlichkeitsforschung)* von Mine Dal veröffentlicht.

Das vorliegende Buch hat aus diesem Grund den Charakter einer Pionierarbeit im Rahmen eines weitergreifenden Projekts. Aus diesem Grund möchte diese Arbeit dazu beitragen, das Verständnis für die Tätigkeit des Übersetzens und die Leistung von Fachübersetzern zu fördern. Sie kann und will die gesamte Bandbreite des Themas nicht erschöpfend behandeln, sondern möchte mit der Untersuchung einiger Aspekte zu weiterer Diskussion und Forschung anregen.

I. TEIL:

THEORETISCHE GRUNDLAGEN

1 Kultur und Kulturübertragung in technischen Texten

Der alltägliche Sprachgebrauch verwendet die Bezeichnung *Kultur* in unterschiedlicher Weise, was auch bei ihrer Übertragung in den wissenschaftlichen Bereich für Unklarheit, zumindest aber zu einem Nebeneinander einer Vielzahl von Begriffsbestimmungen führt. Man begegnet dem Wort *Kultur* in einem bunten Strauß zusammengesetzter Formen und mit einer fast ebenbürtigen Anzahl an Bedeutungsnuancen: *Alltagskultur, Baukultur, Sprachkultur, Subkultur, Agrikultur, Monokultur* oder *Glaubenskultur.* All diese Bezeichnungen sind Ausprägungen ein und desselben Grundbegriffs, die zeigen, dass mit diesem vielfältige Konzepte verbunden sind. Dementsprechend vieldeutig sind die Zugänge zu diesem Begriff und seine Definitionsversuche. Das Problem wurzelt darin, dass ein Wort der Alltagssprache, dem keine präzise Bestimmung eignet, in die Wissenschaftssprache überführt wird, die es ihrerseits klar zu konturieren versucht.

Kultur ist ein oft verwendetes Wort, aber durchaus ist nicht immer klar, was damit gemeint ist. Wie zahlreiche abstrakte Begriffe dieser Art ist *Kultur* vieldeutig; und das heißt: je nach Kontext und Benutzer variiert die Bedeutung – auch in den Wissenschaften. Eine einheitliche, allgemein anerkannte Definition von Kultur gibt es bisher nicht. Folglich muss jeder, der von *Kultur* redet, möglichst präzise festlegen, was darunter zu verstehen ist. In diesem Kapitel soll keine eingehende Erörterung, geschweige denn eine Auslegung des äußerst schwierigen Begriffs vorgenommen werden, vielmehr ist eine Stellungnahme notwendig.

Das Hauptziel des vorliegenden Kapitels ist, wichtige Aspekte der deutschen und türkischen Kulturspezifik hervorzuheben. Dabei sollen zunächst einige „Begriffsinhalte" der Bezeichnung „Kultur“ (1.1) exemplarisch dargestellt und die „Hierarchie kultureller Spezifik“ (1.2) anhand der einzelnen Ebenen angerissen werden. Bedeutung des Kulturbegriffs sowie die kulturspezifischen Merkmale der deutschen und türkischen Kultur (1.3) sind Gegenstand des dritten Abschnitts. Anschließend werden zwei Möglichkeiten der Übertragung von technischer Information in interkulturellen Situationen: *Internationalisierung* und *Lokalisierung (Nationalisierung)* beschrieben und anhand von Beispielen illustriert.

1.1 *Kultur* – Allgemein

Das Wort *Kultur* geht auf die lateinischen Substantive *cultura* und *cultus* zurück, die auf das Bearbeiten des Bodens bzw. der Natur im landwirtschaftlichen Sinne sowie auf andere menschliche Aktivitäten und deren Produkte verweisen. Im weiteren Sinne geht es um verschiedene Arten der Bearbeitung von bzw. des Umgangs mit der Wirklichkeit, einschließlich der Menschen selbst. Der Begriff *Kultur* hat jedoch mit der Zeit unterschiedliche Inhalte angenommen und wird zum Teil in ähnlicher bzw. gleicher Bedeutung gebraucht wie der Begriff *Zivilisation* (Gercken 1999: 19).

Der große Brockhaus (2006: 466) enthält zum Lemma *Kultur* [lat. *cultura* >Bebauung<, >Ausbildung<] neben einer weiten Auslegung des Begriffs auch einen Kommentar zu anderen Auffassungen von *Kultur*. Danach umfasst *Kultur* die

1) Gesamtheit der Lebensäußerungen der menschlichen Gesellschaft in Sprache, Religion, Wissenschaft, Kunst u.a.
2) Urbarmachung des Bodens; Anbau, Pflege von Nahrungspflanzen.
3) künstliche Gründung eines Waldbestands (Saat, Pflanze)
4) auf geeigneten Nährböden gezüchtete Bakterien oder Zellarten; auch das Züchtungsverfahren.

Der Wahrig (2006: 902) legt sowohl in den einzelnen gegebenen Definitionen als auch in ihrer Reihenfolge insgesamt eine relativ enge Auslegung zugrunde:

1. Gesamtheit der geistigen, sozialen und künstlerischen Ausdrucksformen und Leistungen einer menschlichen Gemeinschaft (Sprache, Ethik, Religion, Erziehung, Wissenschaft, Politik, Gesellschaft, Technik, Wirtschaft, Kunst, Musik usw.)

2. Kultur einer menschlichen Gemeinschaft während einer bestimmten Epoche
3. das Urbarmachen des Bodens, Anbau von Pflanzen
4. auf kultiviertem Boden gezüchtete Pflanzen
5. auf besonderem Nährboden gezüchtete Bakterien oder andere Lebewesen

Der gemeinsame Nenner dieser Definitionen liegt darin, dass Handlungen stattfinden, die den Menschen von anderen Lebewesen unterscheiden und die von einer Gruppe, einem Kollektiv, in einer gewissen Weise ausgeführt und weitergegeben werden.
Die Beschäftigung mit dem Ursprung des Begriffs ermöglicht jedoch den genauen Einblick in dessen Anwendungsbereiche, die in der Folge umfassend erläutert werden und die Grundlage für die weitere Verwendung des Begriffs bilden. *Cultura* oder *cultus* bedeuten (Brandauer 2007: 16):

- (be)bauen, bearbeiten (manchmal: Ackerbau betreiben)
- wohnen, ansässig sein, bewohnen
- Sorge tragen, (manchmal a. verpflegen, b. schmücken, putzen, c. ausbilden, veredeln, betreiben, üben, pflegen, wahren, hochhalten)
- verehren, anbeten (manchmal: a. heilig halten, b. feiern: schätzen, verehren, huldigen)

Die entwicklungsgeschichtlich ursprüngliche Bedeutung des Wortes ist das „Bebauen“, „Bearbeiten“ der Natur. Von Kultur kann man ab dem Zeitpunkt sprechen, an dem der Mensch mit der Veränderung der Natur beginnt. In einem ersten Schritt bearbeitet er die Natur, um sich beispielsweise Werkzeuge zu schaffen. Diese verwendet er, um die Natur für seine Zwecke nutzbar zu machen. Die Verfeinerung und Verbesserung der Werkzeuge wiederum ermöglicht ihm, seine Umgebung besser und effizienter zu bearbeiten und zu verändern (Brandauer 2007: 16).
„Wohnen, ansässig sein, bewohnen“ kann als Folge der Bearbeitung und Veränderung der Natur betrachtet werden und findet im heutigen Sprach-

gebrauch seinen Niederschlag in Begriffen wie Alltagskultur und Wohnkultur. Eine weitere Bedeutung bezeichnet den Tätigkeitsbereich „Verehren, Anbeten, Huldigen“, der in den deutschen Sprachgebrauch als „Kult“ oder „Kultus“ Eingang gefunden hat. Im übertragenen Sinne spricht man jedoch auch von Kult oder Kultus, wenn die Verehrung oder sehr intensive Beschäftigung mit Gegenständen aus dem Alltagsleben und der Kunst gemeint sind. *Körperkult* und *Kultfilm* sind Beispiele für diesen Gebrauch (ebd.).

Die Veränderung der Natur mit Werkzeugen, die aus der Natur gewonnen wurden, und das Anbeten der Götter bezeichnen auch die grundlegenden Tätigkeiten, die den Menschen vom Tier unterscheiden.

Aus den Bedeutungen im Kontext von „Sorge tragen“ lassen sich viele weitere, im Deutschen gebräuchliche Verwendungen ableiten. „Kultiviert sein“ beispielsweise beinhaltet das Sorge tragen für Aussehen und Bildung. „Schmücken, veredeln, pflegen“ gehen darüber hinaus und lassen auf das schließen, was im Allgemeinen mit „Hochkultur“ bezeichnet wird (Maletzke 1996: 15).

Ausgehend von den hier herangezogenen Quellen lassen sich mit Bezug auf menschliche Gruppen zwei Arten von Begriffsinhalten unterscheiden:

1. enge Auslegungen, die sich mehr oder weniger selektiv auf bestimmte Lebensbereiche bestimmter Gruppen beziehen, und
2. weite Auslegungen, die potentiell alle Lebensbereiche aller Gruppen berücksichtigen (Gercken 1999: 24).

In der vorliegenden Studie wird ein weiter Kulturbegriff im letzteren Sinne zugrunde gelegt. Danach bezieht sich Kultur im umfassenden anthropologischen Sinne auf ein komplexes Wechselwirkungsgefüge, welches einen Ausgangspunkt für Analysen einzelner Bereiche und von Beziehungen zwischen unterschiedlichen Bereichen darstellt.

So besteht für Goodenough (1964: 36) die „Kultur einer Gesellschaft“ in all dem, „was man wissen oder glauben muss, um in einer Art und Weise handeln zu können, die für die Mitglieder akzeptabel ist, und zwar in jeglicher Rolle, die sie für jeden unter ihnen akzeptieren“. Die Beziehung zwischen Kultur und Gesellschaft betreffend unterscheidet Goodenough insgesamt sieben verschiedene Inhalte des Begriffes Kultur (1981: 110f.; vgl. Gercken 1999: 26f.):

1. „Kultur im allgemeinen Sinne als Systeme von Standardisierungen für das Wahrnehmen, Glauben, Werten und Handeln“.
2. „Die Kultur einer Gruppe“, wie sie von einer Person jeweils mit einem Set anderer Personen verbunden wird.
3. „Die operative Kultur einer Person“ bzw. ihre Version für die Interpretation des eigenen Verhaltens und das Verhalten anderer.
4. „Die öffentliche Kultur einer Gruppe“, die auf individuellen Versionen und Erwartungen der Gruppenmitglieder beruht.
5. „Kultur als eine bestimmte Ebene in einer taxonomischen Hierarchie öffentlicher Kulturen“ bzw. als ein Set öffentlicher (Sub)Kulturen.
6. „Die Kultur einer Gesellschaft“ als das Gesamtsystem öffentlicher Kulturen bezogen auf die Organisation von Gesellschaft.
7. „Der kulturelle Pool einer Gesellschaft“, der die Inhalte der Sichtweisen aller Mitglieder umfaßt und als ein Wissens- und Fertigkeitsvorrat im Zusammenhang mit kulturellen Veränderungen von Bedeutung ist.

Mit dieser Unterscheidung betont Goodenough also den regelnden Einfluss der geistigen Kultur auf das Handeln und Verstehen der Kulturteilhaber und meint dementsprechend, dass Kulturanalyse in systembezogener Beschreibung geistiger Kultur bestehen solle. Rechnet man dagegen auch Handeln und Verstehen im Einzelnen zum Gegenstandsbereich der Kulturanalyse, so müssen nicht nur geistige, sondern auch soziale Aspekte berücksichtigt werden.

In Anlehnung an Goodenough betont Geertz, dass der Sinn im Vordergrund stehen solle, welcher zusätzlich zur Beschreibung des Handlungsverlaufs durch eine interpretative Beschreibung unter Bezugnahme auf eine geschichtete Hierarchie bedeutungsvoller Strukturen dargelegt wird, ohne die eine Handlung nicht tatsächlich als eine kulturelle Kategorie existieren würde (1973: 7). Geertz geht davon aus, dass sich Kultur nicht in den Köpfen von Individuen befindet, sondern sich in beobachtbaren symbolischen Handlungen manifestiert. Er vertritt die Meinung, dass Kultur öffentlich ist, weil Sinn öffentlich ist (ebd.: 12). Kultur setzt sich ihm zufolge aus Systemen konstruierbarer Zeichen bzw. Symbole zusammen und stellt einen Kontext dar, innerhalb dessen soziale Ereignisse, Verhaltensweisen, Institutionen oder Prozesse beschreibbar sind (ebd: 14).

Ähnliche Perspektiven finden sich später in der bedeutungsvollen Kulturdefinition von Göhring (1978: 10), für den Kultur all das ist,

> was man wissen, beherrschen und empfinden können muss, um beurteilen zu können, wo sich Einheimische in ihren verschiedenen Rollen erwartungskonform oder abweichend verhalten, und um sich selbst in der betreffenden Gesellschaft erwartungskonform verhalten zu können, sofern man dies will und nicht etwa bereit ist, die jeweils aus erwartungswidrigem Verhalten entstehenden Konsequenzen zu tragen

In der neueren Forschung wird erkannt, dass jede Definition von Kultur notwendigerweise *reduktionistisch* ist. So gehen Knapp und Knapp-Potthoff (1990: 65) einen Schritt weiter und definieren Kultur wie folgt:

> Eine Kultur stellt ein Ensemble von in symbolischem Handeln manifestierten Wissensbeständen dar, die sich in den verschiedenen soziohistorischen Domänen und Entwicklungsphasen einer Gesellschaft unterscheiden oder für diese Domänen spezifisch sind, die aber durch den Bezug auf die gleiche Gesellschaft einen mehr oder weniger gemeinsamen Kern an den Weltbildern, Wertvorstellungen, Denkweisen, Normen und Konventionen aufweisen und die sich deshalb – vor allem aus der homogenisierenden Perspektive von außen – als solche einer bestimmten Kultur darstellten.

Entsprechend dem erweiterten Begriff versteht Bolten (2007: 24) unter Kultur:

> Lebenswelten, die sich Menschen durch ihr Handeln geschaffen haben und ständig neu schaffen. Diese Lebenswelten existieren ohne Bewertungsmaßstäbe. Sie beruhen nicht auf einer Auswahl des Schönen, Guten und Wahren, sondern umfassen alle Lebensäußerungen derjenigen, die an ihrer Existenz mitgewirkt haben und mitwirken. Hierzu

zählen auch Religion, Ethik, Recht, Technik, Bildungssysteme sowie alle weiteren materiellen und immateriellen Produkte.

D'Andrade (1981: 179) bezeichnet Kultur als „einen sehr großen Informationspool" bzw. „eine Sammlung von Lerninhalten", die von Generation zu Generation weitergegeben werden. Er meint, dass diese kulturellen Informationen zwar Anleitungen für das Handeln und Verstehen umfassen, dass aber die menschliche Sozialisation und Enkulturation relativ unspezifisch sind und dass das Erlernen einer Kultur als „guided discovery" verläuft. Er geht davon aus, dass sich die Lerner zum einen in Bezug auf das Informationsangebot potentiell selektiv verhalten und dass sie zum anderen neue Informationen beisteuern können. Dadurch ist Kultur als solche flexibel, während der Aspekt der „gemeinsamen Teilhabe" an einer Kultur zumindest zum Teil darauf beruht, dass andere Kulturteilhaber als Vermittler vorhanden sind (vgl. Gercken 1999: 30).
Die bis ins 19. Jahrhundert durchgängig zu findende Gleichsetzung von „Kultur" mit geographischer Region ist sicher nicht mehr praxistauglich, da heute häufig selbst auf engstem Raum verschiedene Kulturen zusammentreffen. Als unbrauchbar erweisen sich auch Definitionen, die Kultur bzw. Kulturen als etwas Starres, Unveränderliches darstellen. Es besteht heute Konsens darüber, dass jede Einzelkultur einem steten Wandlungsprozess unterworfen ist.
In der Kulturanthropologie ist Kultur zusammenfassend im Wesentlichen zu verstehen als ein System von Konzepten, Überzeugungen, Einstellungen und Wertorientierungen, die sowohl im Verhalten und Handeln der Menschen als auch in ihren geistigen und materiellen Produkten sichtbar werden. Vereinfacht kann man sagen: „Kultur ist die Art und Weise, wie die Menschen leben und was sie aus sich selbst und ihrer Welt machen" (Maletzke 1996: 16).
Eine Kultur ist zu verstehen als eine identifizierbare Gruppe mit gemeinsamen Überzeugungen und Erfahrungen, mit Wertgefühlen, die mit diesen Erfahrungen verbunden sind, und mit einem Interesse an einem gemeinsamen historischen Hintergrund. In diesem Wortsinne haben dann Völker wie die Deutschen, die Türken, die Franzosen, die Engländer nicht eine eigene Kultur, sondern sie stellen eine je eigene Kultur dar; eine Auffassung, die auch im alltäglichen Sprachgebrauch häufig anzutreffen ist.

Es stellt sich allerdings die Frage, wie die Träger von Kultur zu identifizieren sind und wie die kulturelle Zugehörigkeit das Leben der Menschen beeinflusst. Ist es beispielsweise angebracht, von der deutschen, der englischen, der französischen oder der türkischen Kultur zu sprechen? Kann man dann davon ausgehen, dass viele oder zumindest die meisten Deutschen, Engländer, Türken und Franzosen dieselbe Art zu leben haben oder dieselben Götter verehren? Wer sind die Deutschen, Engländer, Türken und Franzosen? Wie also äußert sich Kultur in Gemeinschaft und Gesellschaft von Menschen?

Gemeinschaft, Gesellschaft und Kollektiv sind Bezeichnungen für Gruppen von Menschen, die auf gemeinsame kulturelle Traditionen zurückgreifen. Wenn man die ursprünglichste Bedeutung von Kultur, nämlich das Nutzbarmachen der Natur für die Bedürfnisse der zusammenlebenden Menschen, heranzieht, kann man davon ausgehen, dass sich daraus gewisse, für eine Gemeinschaft von Menschen sinnvolle und charakteristische Handlungsweisen herausgebildet haben. Diese haben sich für die Gruppe als richtig und wichtig erwiesen und werden anderen Handlungsweisen gegenüber als besser bewertet.

Hofstede (1997: 4) beschreibt die menschliche Natur in Analogie zum Computer als „Betriebssystem", „das unsere physische – und in den Grundzügen – auch unsere psychische Funktionsweise festlegt". Dazu gehören menschliche Fähigkeiten wie Gefühle zu empfinden, wahrzunehmen, zu beobachten und zu sprechen, das Streben nach Gemeinschaft und Zusammengehörigkeit. All diese Möglichkeiten sind dem Menschen angeboren, liegen also in seiner Natur. Wie er diese Fähigkeiten entwickeln und einsetzen kann, ist von seinem kulturellen Umfeld und seiner Interaktion mit diesem bestimmt.

Hofstede (1997:12f.) spricht von Kulturebenen und identifiziert die nationale Ebene als das Land, in welchem ein Mensch lebt oder in welches er ein- bzw. aus welchem er auswandert. Darunter identifiziert er subkulturelle Ebenen. Diese untergliedert er in die:

- Ebene regionaler und/oder ethnischer und/oder religiöser und/oder sprachlicher Zugehörigkeit, da in den meisten Ländern kulturell unterschiedliche Regionen und/oder ethnische und/oder religiöse und/oder sprachliche Gruppen existieren;

- Ebene des Geschlechts, auf welcher Männer und Frauen eine jeweils unterschiedliche kulturelle Prägung erfahren haben;
- Ebene der Generation (Großeltern, Eltern, Kinder);
- Ebene der sozialen Klasse, die Unterschiede im Bereich der Ausbildung und Berufstätigkeit mit sich bringt.

Jeder Mensch gehört neben seiner nationalen Zugehörigkeit einer oder meist mehreren weiteren Gruppen an und denkt, handelt und wertet davon geprägt. Er trägt bewusst und unbewusst typische Merkmale für eine bestimmte Gemeinschaft in sich, die Hofstede (1997: 14) als „mentale Programmierung" bezeichnet.

In diesem Zusammenhang muss allerdings betont werden, dass die Einteilung von Gesellschaften in „Nationen" ein relativ junges Unterfangen ist. Erst in der Mitte des 20. Jahrhunderts führte man die Einteilung der gesamten Welt in politische Einheiten ein. Jeder Mensch gehört einem Staat an und hat als Kennzeichen der Zugehörigkeit einen Pass. Diese politische Einteilung entspricht, wie gezeigt wurde, in vielen Fällen nicht den natürlich gewachsenen Subkulturen, weshalb sprachliche, religiöse und ethnische Gruppen sich der Nation oft nicht zugehörig fühlen und ihre eigene Unabhängigkeit anstreben (Hofstede 1997: 12f.).

Das 18. und 19. Jahrhundert war das Zeitalter der Entstehung und Absicherung der Nationalstaaten und damit gleichzeitig der Entwicklung und Festigung der Nationalsprachen. Es scheint mehr als verständlich, dass die Eigenheiten der Nationalsprachen im Zuge der Nationalisierungsbestrebungen eine wachsende Beachtung fanden. Aussagen über „typisch deutsche", „typisch türkische" oder „typisch amerikanische" Denk- und Verhaltensweisen sind also mit Vorsicht zu verwenden. Dennoch wurden die bekanntesten kulturellen Vergleiche auf nationaler Ebene durchgeführt, da es hier am einfachsten ist, an Datenmaterial über die Bevölkerung heranzukommen. Die Untersuchungen auf nationaler Ebene stellen somit eine rein pragmatische Herangehensweise dar (Hofstede 1997: 15). Man kann allerdings anhand der Untersuchungsergebnisse auf nationaler Ebene Aussagen über die subkulturellen Ebenen ableiten. Identifiziert man auf nationaler Ebene ein Land als eher einer kollektivistischen Gesellschaftsordnung folgend, in der die Gemeinschaft im Vordergrund steht, so kann man beispielsweise Aussagen darüber ableiten, wie die verschiedenen Generationen zusammenleben.

Die Gemeinschaft, in die der Mensch hineingeboren wird, ist quantitativ nicht festgelegt. Es kann sich dabei um die kleinste Einheit, die Familie, handeln, aber auch um eine größere Gruppe von Personen wie beispielsweise eine Organisation, eine Firma, einen Club oder Verein.

Kultur bezeichnet in diesem Zusammenhang ein Orientierungssystem, das über Generationen hinweg bestimmte Denk- und Handlungsweisen sowie Wahrnehmungs- und Bewertungsmuster entwickelt hat, die jedem neuen Mitglied explizit, zum größeren Teil jedoch implizit mitgegeben werden. Vor allem wie etwas wahrgenommen oder was wahrgenommen wird und was nicht, bzw. wie Wahrgenommenes dann bewertet wird, läuft hauptsächlich unbewusst ab.

Kultur ist daher jedenfalls nicht angeboren, sondern von den Angehörigen einer Kulturgemeinschaft entwickelt und zumindest innerhalb dieser Gemeinschaft weitergegeben. Die kulturell geprägten Handlungsweisen und Denkmuster müssen also erlernt werden. Die Voraussetzung dafür ist die Möglichkeit, diese mittels der Sprache für die Nachwelt zu bewahren.

Das heißt, *Kultur* ist erlernt und nicht ererbt. Sie leitet sich aus unserem sozialen Umfeld ab, nicht aus unseren Genen. Man sollte Kultur unterscheiden von der menschlichen Natur einerseits und von der Persönlichkeit eines Individuums andererseits. Doch wo genau die Grenzen zwischen Natur und Kultur bzw. zwischen Kultur und Persönlichkeit liegen, ist unter Sozialwissenschaftlern umstritten (Hofstede 1997: 4).

Das Konzept der Kulturstandards (Thomas 1996: 114) bezeichnet alle Formen des Denkens, Handelns, Wahrnehmens und Bewertens, „die von der Mehrheit der Mitglieder einer Kultur als normal, selbstverständlich, typisch und verbindlich angesehen werden“ (Thomas 1993: 381). Alles Wahrgenommene wird vor dem Hintergrund der eigenen kulturellen Zugehörigkeit teilweise bewusst, zumeist aber unbewusst bewertet. Wenn die Standards aufeinander treffender Kulturen unterschiedlich sind, kann es zu Schwierigkeiten im Kulturkontakt kommen.

Wir betrachten unser eigenes Verhalten als „normal“ und benutzen diese „Normalität“ auch als Maßstab zur Beurteilung des Verhaltens von Menschen aus anderen Kulturen. Dies führt oft dazu, dass wir deren Verhalten

fehlinterpretieren, indem wir es als von der Norm – von unserer Norm – abweichend bewerten. In deren Kultur wird es dagegen in vielen Fällen als unauffällig eingeordnet und erscheint nur durch die „Brille“ unserer Kultur als fremdartig (Göpferich 2006: 382).
Von Kulturgemeinschaft oder von Kulturträgern wird gesprochen, wenn es sich um eine Gruppe von Menschen handelt, die sich innerhalb eines gewissen Orientierungssystems bewegen und dessen Standards anerkennen oder zumindest kennen. Kultur wird also im Zusammenhang mit den Trägern standardisierter Merkmale hinsichtlich des Sprechens, des Denkens, des Wertens und des Handelns verwendet.
Nachdem der „Kulturbegriff“ charakterisiert und die Ebenen der kulturellen Interaktion identifiziert wurden, bleibt die Frage bestehen, wie Kultur *hierarchisch* erfassbar, messbar, vermittelbar ist. Dies ist Thema des nächsten Abschnitts.

1.2 Hierarchie kultureller Spezifik

Kulturelle Eigenschaften liegen auf verschiedenen Ebenen von Kultur vor. Jeder Zustand von Kulturspezifik steht in besonderer Verbindung zu einer dieser Schichten (Horn-Helf 2007: 20f.). Dies zeigt sich bei kontrastiver Darstellung eines Faktums in verschiedenen Kulturen, denn *kulturelle Phänomene werden erst durch Vergleich zu „Kulturspezifika“* (Witte 2000: 99). Dabei dient die eigene Kultur, wie oben erwähnt, unweigerlich als „Vergleichsnormal“: Das aus der eigenen Kultur Vertraute gilt so lange ungehindert als „normal“, bis sich die Möglichkeit einer Gegenüberstellung bietet. Diese kann bei jeder makrokulturellen Dimension angesetzt werden[4]:

[4] Vgl. Abschnitt 1.3.

Universalia ↓
Kulturkreis ↓
Makrokultur ↓
Mikrokultur ↓
Unternehmenskultur ↓
Idiokultur

Abb. 1: Hierarchie kultureller Spezifik (Horn-Helf 2010: 52)

Die obige Abbildung stellt die typischen Ebenen kultureller Spezifik, den Bereich, dem das Forschungsinteresse der Kulturwissenschaft gilt, dar. Sie befasst sich nach Hansen „weder mit dem Individuellen noch dem Anthropologischen, dem Gattungsüblichen, sondern mit dem, was dazwischen liegt“ (2000: 39). Die senkrechten Pfeile sollen andeuten, dass jede Ebene eigene Eigenschaften besitzt, die aber gleichzeitig über die jeweils übergeordnete Ebene vermitteln.

Wie zu sehen, sind die analyserelevanten Ebenen von Makro- und Mikrokultur[5], d.h. von nationalen und fachlichen Kulturen, betont. Um die Grundlage der Analyseergebnisse etwas anschaulicher zu gestalten, werden die in Abb. 1 ausgewiesenen Ebenen mit Ausnahme der Idiokultur kurz dargestellt:

1.2.1 Universalia

Wenn man von „dem Menschen schlechthin spricht, dann steckt dahinter offensichtlich die Annahme, dass es Merkmale, Eigenschaften, Fähigkeiten, Verhaltensweisen gibt, die alle Individuen übergreifen und somit auch durchgängig in allen Kulturen anzutreffen sind“ (Maletzke 1996: 21). Diese Merkmale werden in der Wissenschaft unter dem Begriff „Universalien“ diskutiert. In diesem Zusammenhang ist es grundsätzlich sinnvoll, kulturelle

[5] Unter *Makrokulturen* sind die verschiedenen Völker bzw. Volksgruppen, „Nationen“ und unter *Mikrokulturen* beispielsweise Unternehmenskulturen, Soziokulturen, Individual- oder Idiokulturen zu verstehen.

Universalia als Ebene des <Allgemein Menschlichen> zu verstehen, wie von Mauritz (1996: 19) vorgeschlagen:

> Für die Auffassung von Kultur als ideationales System bedeutet dies, dass ihre Bestandteile aus einem ‚Universum' von objektiven Ideen geschöpft werden. Welt ist keine bestimmte Kultur, sondern der Vorrat an gedanklichen (Vor-)Leistungen der gesamten Menschheit. Aus diesem entnimmt und entwickelt eine Gruppe von Menschen die von ihnen präferierten Ideen.

Das bedeutet, als Universalie gilt ein Phänomen erst dann, wenn sich nachweisen lässt, dass es immer und überall anzutreffen ist, zu allen Zeiten, bei allen Völkern, in allen Kulturen. Zu den Universalien gehören danach beispielsweise Ehe, Tabus, Erziehung, Ethik, Begrüßung, religiöses Ritual, Sprache und Sprachsysteme, Sitten u.a. (Maletzke 1996: 21).
Trotz dieser aufgezählten Konkreta scheint Uneinigkeit darüber zu bestehen, wann ein Merkmal als Universale bezeichnet werden kann. Der Begriff „Universalia", der sich im Sinne der Universalienforschung auf Phänomene menschlicher Sprache schlechthin bezieht, wird offenbar auch in Kontexten verwendet, die weit unterhalb „der Menschheitskultur" angesiedelt sind (Horn-Helf 2007: 22).

1.2.2 Kulturkreis

Gemeinsame Werte und/oder eine gemeinsame Sprache oder auch die Gemeinsamkeit verwandter Sprachen können mehrere Makrokulturen zu einem „Kulturkreis" verbinden. Bei Horn-Helf (2007: 23) werden z.B.: „die westliche Welt", „die Romania", „das Abendland" als Kulturkreise angegeben. In diesem Sinne kann auch der Orient bzw. das „Morgenland" als ein Kulturkreis betrachtet werden. Diese Auswahl zeigt, nach welch unterschiedlichen Kriterien sich ein Kulturkreis konstituieren kann, wie weiter unten dargelegt. Überschneidungen sind daher unvermeidlich, d.h. eine Makrokultur kann und wird wohl in der Regel verschiedenen Kulturkreisen angehören.

Der Westen

Die Bezeichnung „der Westen“ verdankt seine Benennung einer geographischen Ortsbestimmung, die von einer eurozentrischen Perspektive aus bestimmt ist und daher aus jeder anderen Perspektive relativ willkürlich bestimmbar ist (ebd.):

> In der Literatur über Völker und Kulturen ist oft die Rede vom ‚Westen‘. Gemeint ist damit offensichtlich ein Kulturkreis, der sich irgendwie von anderen Kulturkreisen unterscheidet. [...] Was nun Westen und Osten im konkreten Fall bedeutet, hängt vom jeweiligen Standort des Betrachters ab. Doch gibt es seit langem die stillschweigende Übereinkunft, dass die Europäer sich als Westen verstehen und dass mit Osten der Bereich gemeint ist, der – irgendwo daran angrenzend – nach Osten hin liegt. (Maletzke 1996: 38).

Ähnlich ist es um die Sicht auf den Kulturkreis des Abendlandes bestellt, den Maletzke (1996: 39) noch als „weitgehend deckungsgleich“ mit dem der westlichen Welt ansieht, weil er sich über gemeinsame Grundwerte definiert: „das vierfache Erbe griechischen Denkens, römischen Rechts, germanischer Gesellschaftsvorstellungen und christlichen Glaubens“. Bei einer Gegenüberstellung von ‚westlicher‘ und ‚östlicher‘ Kultur kommen folgende Eigenschaften zum Vorschein: Individualität, Diesseitigkeit, Rationalität, Gesetzorientierung und Leistungsethik (ebd.).

1.2.3 Makrokultur

In der Literatur der Kulturspezifik tritt besonders die *Nationalkultur* auf, die sich auf „eine von Staatsgrenzen eingerahmte Makro-Kultur“ (Schmitt 1999: 157) bezieht. Mauritz (1996: 31) spricht in diesem Sinne davon, dass unter der nationalen Kultur häufig die Kultur eines *Nationalstaates*, also eines soziokulturell und politisch einheitlichen Gebildes, verstanden wird. Die Debatte um das Thema „Leitkultur“ in Deutschland zeigt jedoch, wie bedenklich das Kriterium soziokultureller Einheitlichkeit im Hinblick auf eine Nationalkultur ist, denn im Grunde geht es dabei lediglich um die Mehrheitskultur innerhalb eines politischen Staatsgebietes. Der Begriff der „Makrokultur“ impliziert daher

eine Orientierung auf die dominierende Mehrheitskultur und ihre Sprache (Horn-Helf 2007: 27).
Mithilfe der Komponente der Makrokultur können nicht nur Kulturvergleiche vorgenommen werden, sondern auch gewisse Stereotypien aufgestellt werden. Einerseits kann sie die Einflüsse eines bzw. mehrerer Kulturkreise(s) beinhalten, anderseits kann sie die Subebenen Mikro-, Unternehmens- und Idiokultur beeinflussen (Horn-Helf 2010: 59).
Bei der Bestimmung von kulturellen Dimensionen, die im Rahmen von Beschreibungsmodellen formuliert werden, so auch bei dem für diese Arbeit zugrunde liegenden Kulturmodell von Hofstede (2011: 5), sind klare national- bzw. makrokulturelle Ausrichtungen zu beobachten. Maletzke (1996: 42) charakterisiert seine Klassifikation wie folgt:

> Die Kategorien, in denen sich Kulturen voneinander abheben und die in ihrer strukturierten Gesamtheit das spezifische Profil einer Kultur bilden, nennen wir ‚Strukturmerkmale'.

Sein Grundsatz für ein „Kulturprofil" weist qualitativ sehr unterschiedliche Merkmale auf, u.a.: Nationalcharakter, Basispersönlichkeit, Sprache, nonverbale Kommunikation, Wertorientierungen, Verhaltensmuster, Sitte, Normen, Rollen, soziale Gruppierungen und Beziehungen (ebd.). Dem Merkmal „Sprache" im Sinne von verbaler Kommunikation fällt eindeutig eine zentrale Rolle beim Ausdruck der übrigen zu.
Ein ähnliches, wenngleich geringeres, Potenzial könnte man dem Merkmal „Verhaltensmuster" zuschreiben, sofern sich dieses ausschließlich in „nicht-sprachlichem" Handeln ausdrückt. Da die übrigen Merkmale einer Analyse nur über Sprache und Verhaltensmuster zugänglich sind, geht es bei der Untersuchung der Vorstellungen bzw. Wertorientierungen, die eine Kultur in ihrem Verhalten/Handeln reflektiert, zumeist auch um sprachliches Handeln (Horn-Helf 2007: 27).

1.2.4 Mikrokultur

Wie in der Abb.1 gezeigt, befindet sich die Ebene der Mikrokultur zwischen denen von Makro- und Unternehmenskultur. Für Schmitt (1999: 157) sind alle

Kulturebenen unterhalb der makrokulturellen Ebene als Mikrokulturen aufzufassen.

Unter „Mikrokultur“ wird in der vorliegenden Arbeit die fachlich determinierte Soziokultur verstanden. Albrecht (1992: 66f.) formuliert sie wie folgt:

> Die Zone entspricht dem Geltungsbereich einer Sprache, der Bereich dem Kreis von Menschen (nicht notwendigerweise Sprecher einer Sprache), denen ein durch ein bestimmtes Wort bezeichneter Gegenstand oder Sachverhalt bekannt ist. Der Bereich der Gegenstände und Sachverhalte, mit denen sich die ‚exakten‘, ‚internationalen‘ Wissenschaften beschäftigen, wird also durch einen Kreis von Fachleuten gebildet, die einerseits vielen Sprachgemeinschaften, anderseits innerhalb derselben nur einer kleinen Minderheit angehören.

Als Mikrokulturen werden hier technische Disziplinen angesehen. Um es mit Worten von Baumann (1992: 145) auszudrücken:

> Unter einem Fach soll im Weiteren ein relativ selbstständiger Tätigkeitsbereich verstanden werden, welcher sich innerhalb der wissenschaftlichen Tätigkeit im Prozess der zunehmenden Arbeitsteilung herauskristallisiert hat. Folglich ist ein Fach durch spezifische (Forschungs-) Gegenstände, -Methoden bzw. Begriffe gekennzeichnet.

Im Sinne von Maletzke (1996: 75) sind die Fachsprachen der verschiedenen wissenschaftlichen und technischen Disziplinen Subkultursprachen, d.h. „für den Außenstehenden gänzlich unverständlich“. Dies ist eine logische Konsequenz der disziplinären Spezialisierung „in einer arbeitsteiligen Welt“, denn die fachliche Sprachverwendung ist Ballstaedt (1999: 110) zufolge, u.a. Ausdruck der „mentalen Gemeinsamkeiten innerhalb einer disziplinären Gruppe“, z.B. von „Wissen, Wertungen und Handlungsbereitschaften, die in der disziplinären Sozialisation erworben wurden“.

1.2.5 Unternehmenskultur

Unterschiede in der Unternehmenskultur sind für die Kommunikation in der Wirtschaft von großer Bedeutung. Auf der Ebene der Unternehmenskultur sind unterschiedliche Einflüsse wirksam: die der Makrokultur, die der Mikrokultur, also des Faches, sowie der eigenen Kultur des jeweiligen Unternehmens (Horn-Helf 2007: 35). Dies ist auch aus der Abb. 1 abzulesen (Hofstede 2001: 203):

> Geschäftsleute mit internationaler Erfahrung bestätigen schon seit längerem, dass, auch unter sonst gleichen Umständen, in französischen Organisationsformen mehr die Autorität gestärkt wird, bei der deutschen mehr Wert auf Strukturierung gelegt wird und dass man bei der englischen mehr auf eine spontane Problemlösung setzt.

International tätige Unternehmen wie Hugo Boss, Bosch oder Siemens können es mit der oben skizzierten kulturellen Vielfalt schwer haben. Mauritz (1996: 193) ist daher der Ansicht, dass „multinationale Konzerne die Lösung des Problems in der Schaffung einer weltumspannenden, organisationalen ‚supra-culture' sehen, die nationalkulturelle Unterschiede überdecken soll". Dies geschieht über Praktiken, die durch die Unternehmenskulturen generell geprägt werden. Sicherlich sind die Praktiken eines Unternehmens aber auch Ausdruck seiner kulturellen Werte (Horn-Helf 2010: 87).
Dem Ziel dieser Studie entsprechend sollen nachfolgend die Ebenen der kulturellen Interaktion der deutschen und türkischen Nationalkultur identifiziert werden. Dabei wird auf die Frage eingegangen, inwieweit sich das Kulturmodell von Hofstede auf der Nationenebene der deutschen und türkischen Kultur manifestiert.

1.3 Differente Kulturdimensionen: Türken und Deutsche im Vergleich

Zwischenmenschliche Begegnungen verschiedener Kulturen hat es immer schon gegeben, und von alters her hat man sich über dieses aus dem Rahmen des Alltäglichen herausfallende Phänomen Gedanken gemacht. Während jedoch in früheren Zeiten derartige Begegnungen relativ selten waren, hat sich in den letzten etwa 150 Jahren das Ausmaß vervielfacht, insbesondere durch die Entwicklung moderner Verkehrs- und Kommunikationsmittel. So kann man zu Recht behaupten, dass sich die Welt in den letzten Jahrzehnten in vielen Bereichen grundlegend geändert hat. Dies zeigt sich sehr stark in der Internationalisierung der Wirtschaft. Interkulturelle Kompetenz ist das Schlüsselwort für erfolgreiches Agieren auf interkultureller und internationaler Ebene[6].

In diesem Rahmen ist Bolten zuzustimmen, wenn er behauptet, dass „Kulturen keine geschlossenen Container sind, sondern an ihren Rändern ausgefranst" (2007: 14). Auch die großen westlichen Industrienationen befinden sich infolge der Globalisierung in einem Umbruchsprozess, den der Soziologe Ulrich Beck (1997: 17) mit einem Übergang von einer „Ersten Moderne" in eine „Zweite Moderne" beschreibt. Alle diese Komponenten sollten im Umgang mit „dem Fremden" einbezogen werden. Bei einem Kulturvergleich ist es nicht sinnvoll von „minder fortschrittlichen" oder „weiter entwickelten" Kulturen zu sprechen, denn solche gibt es nicht. Jede Kultur hat ihre spezifische historische Entwicklung.

Es ist kein Geheimnis, dass diese Strukturen eine nicht zu unterschätzende Rolle bei der Begegnung von Vertretern verschiedener Kulturen spielen. Wer erfolgreich agieren will, muss über den Partner bzw. dessen Kultur Bescheid wissen. Es gibt zwei Möglichkeiten, sich mit verschiedenen Kulturen auseinander zu setzen. Man versucht entweder, sich in die fremde Kultur hineinzuversetzen und sie durch Beobachtung und Beschreibung des Verhaltens der Mitglieder aus ihrer Innenperspektive zu verstehen. Die andere Möglichkeit, eine Kultur zu verstehen, ist der Kulturvergleich, das heißt, eine Kultur mit einer anderen zu kontrastieren. Anhand vorgegebener Kategorien werden bestimmte kulturelle Aspekte untersucht und verglichen. Es geht dabei nicht um das Verständnis der Kultur aus der Sicht ihrer Mitglieder. Das Ziel besteht vielmehr darin, heraus-

---

6 Zum Thema *interkulturelle Aspekte im Sprachenpaar Deutsch–Türkisch* sei auf die Arbeiten von Eğit/Eğit (2011), Gülmüş (2010), Öztürk (2010) sowie Eğit (2002), Gülmüş (2007) und Eruz (2000; 2009) hingewiesen, wobei Eruz und Gülmüş (2007) sich in ihren Beiträgen vor allem mit dem Begriff der *Interkulturalität bei der Übersetzung von Fachtexten* beschäftigen. Dagegen setzen sich die anderen Autoren mit dem Begriff der *Interkulturalität bei der Übersetzung literarischer Werke* auseinander. Eruz geht konkret auf die Übersetzung von juristischen Texten (2009) und Paralleltexten (2000) ein und versucht die Problemgebiete der Kulturspezifik von Fachtexten darzustellen. Gülmüş's Studie (2007) ist ebenfalls größtenteils translationswissenschaftlich angelegt und nimmt ein Thema aus dem Bereich der Migrationspolitik auf. Ihr Ziel ist es, Zusammenhänge zwischen Integrationspolitik und Translationswissenschaft aufzuzeigen.

zufinden, wie sich Kulturen in bestimmten Bereichen voneinander unterscheiden oder einander gleichen (Gudykunst/Kim: 1992: 41).
Dass jeder Mensch vor dem Hintergrund seiner eigenen Kultur denkt, fühlt, handelt und wertet, macht die Beschreibung einer fremden Kultur aus deren Innenperspektive sehr schwierig. Wissenschaftler haben anhand der Ergebnisse ihrer Forschungen verschiedene Kriterien für die Beschreibung von Kulturdimensionen entwickelt, um mit ihnen Tendenzen kultureller Verhaltensmuster sowie Ähnlichkeiten und Unterschiede zwischen den Menschen auf lokaler, regionaler und internationaler Ebene identifizieren zu können. Hofstede (1991: 4f.) bezeichnet, wie oben bereits erwähnt, die Denkmuster und Arten zu empfinden und zu handeln, die jeder Mensch im Laufe seines Lebens erwirbt, in sich trägt und weiterentwickelt, als ‚mentale Programme' (*mental programs*) oder ‚Software des Gehirns' (*software of the mind*) und stellt damit eine Analogie zwischen der Sozialisation und Enkulturation des Menschen und der Art her, wie Computer programmiert werden. Die ‚mentalen Programme' variieren zwar durch das unterschiedliche soziale Umfeld von Individuum zu Individuum, einige Elemente sind jedoch bei Gruppen von Menschen, die jeweils in einem ähnlichen sozialen Umfeld aufwachsen bzw. leben, gleich. Diejenigen Elemente dieser geistigen Programme, die Menschen miteinander teilen, also die kollektiven geistigen Programme, nennt Hofstede *Kultur*. Er entwickelte das *Fünf-Dimensionen-Modell*, das die kulturellen Dimensionen folgendermaßen unterscheidet (Hofstede 1991: 13f.; Göpferich 2006: 388):

1. *Machtdistanz/Soziale Distanz,*
2. *Kollektivismus vs. Individualismus,*
3. *Unsicherheitsvermeidung,*
4. *Maskulinität vs. Feminität,*
5. *Langfristige vs. kurzfristige Orientierung.*

Die kulturellen Dimensionen ermöglichen zwar nicht den Entwurf eines „Kulturprofils", erlauben jedoch gezielte Einblicke in einzelne Merkmale, z.B. Nationalcharakter, kulturelle Werte, Verhaltensmuster und soziale Beziehungen (Horn-Helf 2007: 27). Zu den bekanntesten nationalen bzw. makrokulturellen Vergleichen zählt Hofstedes Studie von Menschen aus mehr als 50 verschiedenen Ländern (1991; 1997; 2011) . Bei den Befragten handelte es sich um Mitarbeiter des international tätigen Konzerns IBM. Sie bildeten daher, abgesehen von ihrer nationalen Zugehörigkeit, eine relativ homogene Untersuchungsgruppe. Man kann zwar nicht davon ausgehen, dass die IBM-Mitarbeiter jeweils repräsentativ für die Gesamtkultur sind, der sie entstammen, doch können aus den Umfrageergebnissen insofern Schlussfolgerungen über die kulturelle Unterschiede gezogen werden, als sich die Befragten mit Ausnahme ihrer Nationalität jeweils in allen Punkten glichen (Hofstede 1991: 13), so dass Unterschiede eben nur auf ihre unterschiedliche kulturelle Herkunft zurückzuführen sein konnten. Dabei stellte Hofstede die Vergleichbarkeit zusätzlich auch noch dadurch sicher, dass er, wo es die Fragestellung erforderte, jeweils nur die Ergebnisse von Mitarbeitern miteinander verglich, die auch vergleichbare Positionen innehatten. Aus diesem Umfrageergebnissen arbeitete Hofstede in weitgehender Übereinstimmung mit den von Inkeles und Levinson gewonnenen Problemkategorien die kulturellen Dimensionen heraus, mit denen sich kulturbedingte Unterschiede und Gemeinsamkeiten in den ‚geistigen Programmen‘ von Menschen fassen lassen (Göpferich 1998: 296).

Zur Verdeutlichung der Unterschiede und Gemeinsamkeiten sollen im Folgenden einige Gegenüberstellungen der deutschen und türkischen Kultur vorgenommen werden. Es handelt sich dabei nicht um absolute Festschreibungen; sie können lediglich als Orientierungshilfe dienen. Abweichungen sind auf beiden Seiten möglich. Aus diesem Grund ist es an dieser Stelle empfehlenswert, sich bei den folgenden Gegenüberstellungen immer die Verallgemeinerung „in Deutschland“ beziehungsweise „im deutschsprachigen Raum eher“ und „in der Türkei tendiert man eher zu“ klar zu machen (Moser-Weithmann 2008: 116).

Im folgenden Abschnitt soll versucht werden, anhand des Kulturmodells von Hofstede, der als einziger die Türkei und die Türken in seine Kultur-Forschung einbezogen hat, einen Vergleich von Unterschieden und Gemeinsamkeiten der türkischen und deutschen Kultur aufzustellen.

1.3.1 Machtdistanz / Soziale Distanz

Die Dimension *Machtdistanz* bezeichnet „das Ausmaß, bis zu welchem die weniger mächtigen Mitglieder von Institutionen bzw. Organisationen eines Landes erwarten und akzeptieren, dass Macht ungleich verteilt ist“ (Hofstede 1997: 32). Unter dieser Dimension versteht Hofstede die Machtverteilung in einer Gesellschaft, die allgemein akzeptiert wird. Es geht dabei um das Verhältnis zwischen Untergebenen und ihren Vorgesetzten, also z.B. das Verhältnis zwischen Mitarbeitern und ihrem Vorgesetzten, zwischen Kindern und ihren Eltern oder zwischen den Schülern und ihren Lehrern. Mit Institutionen sind Familie, Schule und andere Gemeinschaften gemeint, welche die Hauptelemente einer Gesellschaft darstellen. Organisationen sind die Arbeitsplätze der Menschen (ebd.). Gesellschaften mit geringer Machtdistanz akzeptieren und erwarten autoritäre Systeme, die von den „Mächtigen“ von oben nach unten entschieden und geführt werden. Gesellschaften mit hoher Machtdistanz gehen von einer natürlichen Gleichstellung von Vorgesetzten und Untergebenen aus. Diese Dimension spielt in der vorliegenden Arbeit eine bedeutende Rolle, denn „das Ausmaß, bis zu welchem [Ungleichheit akzeptiert ist]“, wie oben zitiert, bezieht sich auf alle Bereiche des Lebens, es gilt also in der Familie ebenso wie in der Arbeitswelt und auch auf der politischen Ebene. Auf der Grundlage der IBM-Umfrageergebnisse stellt Hofstede eine Rangliste auf, aus der hier für die betroffenen Länder die Werte ausgewählt sind:

Rang	**Land**
18./19.	Türkei
42./44.	Deutschland

Tab. 1: Rangliste – Machtdistanz/Soziale Distanz

Hofstede kommt bei seiner Studie zu dem Ergebnis, dass die soziale Distanz beispielsweise in Lateinamerika und Asien relativ groß ist. Dort wird erwartet, dass sich die Untergebenen ihren Vorgesetzten widerspruchslos fügen; die Vorgesetzten verkehren nicht mit ihren Untergebenen und verhalten sich paternalistisch und autokratisch.

Eine geringe soziale Distanz stellt er hingegen zwischen Untergebenen und ihren Vorgesetzten in Staaten wie den USA, Großbritannien und den meisten europäischen Ländern wie Deutschland (Rang: 44./45.), den Niederlanden, Dänemark, Schweden und Norwegen fest. Hier verstößt es nicht gegen die Konventionen, am Vorgesetzten auch einmal Kritik zu üben; die Vorgesetzten pflegen dort einen eher beratenden Führungsstil (Hofstede 1991: 26f.).

Die Machtdistanz in der Türkei, die in der Rangliste auf Platz 18./19. eingestuft wird, könnte man durchaus in die erste Kategorie einstufen, derzufolge sich die Untergebenen dem Vorgesetzten stets widerspruchslos fügen. Denn im Umgang mit den Mitmenschen spielen Hierarchien sowie – damit eng verbunden – Respekt und Ehre eine wichtige Rolle. In der gesamten türkischen Gesellschaft wie überhaupt im islamisch-geprägten Kulturkreis stößt man immer wieder auf die Begriffe *Ehre* (şeref) und *Respekt* (saygı). Es handelt sich dabei nicht so sehr um ein persönlich erworbenes Ansehen, sondern um die Übertragung desselben kraft eines Amtes oder der sozialen Stellung innerhalb der Familie, der Firma oder der Gesellschaft. Somit kann dieses Ansehen auch wieder eingebüßt werden, wenn die Stellung verloren geht. Hintergrund der gesellschaftlichen Autorität kann ein Titel oder auch Reichtum sein. In den Unternehmen wird, ebenso wie in den Familien, der paternalistische Führungsstil angewandt und entsprechend die Anerkennung und Einhaltung von Hierarchiestufen eingefordert. Diese zeigen sich auch nach außen hin durch gewisse Statussymbole, welchen in der türkischen Kultur eine gewichtige Rolle zukommt (Moser-Weithmann 2008: 116f.).

Die türkische Kultur weist eine erheblich größere soziale Distanz auf als die deutsche, d.h. die Distanz zu Vorgesetzten und Höhergestellten oder Vertretern des Staates ist erheblich größer als in der deutschen Gesellschaft. Eine niedrige Ausprägung der Machtdistanz zeigt sich zum Beispiel dadurch, dass Untergebene in Entscheidungsprozesse eingebunden oder zumindest konsultiert werden, wie das in Deutschland anzutreffen ist. Hier wird die Rollenverteilung Vorgesetzter–Untergebener nach türkischen Maßstäben nicht eingehalten. Ein Vorgesetzter, der zu seinen Mitarbeitern ein eher freundschaftlich-kameradschaftliches Verhältnis pflegt, gilt in türkischen Kreisen als schwacher oder unsicherer Vorgesetzter. In einem Arbeitsverhältnis, das von hoher Machtdistanz geprägt ist, wie es in der Türkei normalerweise der Fall ist, wider-

sprechen Mitarbeiter nicht den Vorgesetzten, sondern führen deren Anordnungen widerspruchslos aus. Eigene Meinungen und Verbesserungsvorschläge werden nicht offen geäußert, d.h. Hierarchie und ungleiche Machtverteilung werden als „natürlich" akzeptiert (Moser-Weithmann 2008: 117).
Soziale Distanz hat also in der Türkei einen anderen Stellenwert als in Deutschland, es herrscht eine klare Machthierarchie, die erwünscht und anerkannt ist. Sich darüber hinweg zu setzen, kann bis zum „Gesichtsverlust" führen. Allzu kollegiale Verhaltensweisen untergraben die Loyalität. Verhandlungen finden nur auf Augenhöhe statt, d.h. auf gleicher Ebene. Loyalität gegenüber dem Arbeitgeber und gegenüber den Kollegen ist oberstes Prinzip. In einer Kollektivgesellschaft steht das Individuum zurück, persönlicher Ehrgeiz ist nicht gefragt.

Deutschsprachiger Raum (geringe soziale Distanz)	**Türkischsprachiger Raum** (große soziale Distanz)
Ungleichheit so gering wie möglich	Ungleichheit erwünscht
Tendenz zur Dezentralisierung	Tendenz zur Zentralisierung
Geringe Gehaltsunterschiede	Große Gehaltsunterschiede zwischen Vorgesetzten und Untergebenen
Menschen erwarten, in Entscheidungen einbezogen zu werden.	Menschen erwarten Anweisungen von oben

Tab. 2: Eigenschaften – Machtdistanz/Soziale Distanz

Den unterschiedlichen Grad der sozialen Distanz in den Kulturen versucht Hofstede (1991: 42) wie folgt zu erklären: In Ländern mit romanischen Sprachen wie Spanien, Portugal, Italien und Frankreich, herrscht ein mittleres bis hohes Maß an sozialer Distanz; Länder mit germanischen Sprachen wie Deutschland, Großbritannien, den Niederlanden, Dänemark, Norwegen und Schweden dagegen weisen eine relativ geringe soziale Distanz auf. Die romanischen Sprachen gehen alle auf das Vulgärlatein zurück und entwickelten sich in Ländern, die einmal zum Römischen Reich gehörten, oder aber – wie im Falle von Lateinamerika – in Ländern, die von Spanien und Portugal kolonialisiert wurden. Germanische Sprachen dagegen werden entweder in Ländern gesprochen, die in römischer Zeit ‚barbarisch' blieben, oder aber in Ländern, die unter römischer Herrschaft standen, aber von den ‚Barbaren' zurückerobert wurden; dies gilt z.B. für England. Das Römische Reich wurde von einer Machtzentrale aus regiert, so dass dessen Bevölkerung es gewohnt war, Befehle von einer zentralen Instanz zu empfangen, die u.U. weit entfernt war (große soziale Distanz). Die germanischen Regionen Europas dagegen waren zergliedert in viele einzelne Stammesverbände mit jeweils eigenem Stammesoberhaupt, und man war dort weder gewohnt noch bereit, Befehle von anderen als dem relativ nahen Stammesoberhaupt zu empfangen (geringe soziale Distanz).

In diesem Zusammenhang kann eine gewisse Parallele zwischen dem römischen Herrschaftssystem und dem osmanisch-orientalischen Herrschaftssystem hergestellt werden. Die autoritäre Herrschaft des römischen Oberhaupts könnte mit der zentralisierten Machtausübung des osmanischen Sultans verglichen werden. Dies könnte wiederum die Ansicht begründen, dass sich eine große soziale Distanz u.a. auf ursprünglich zentralistische Herrschaftsformen wie die der römischen und osmanisch-orientalischen zurückführen lässt, eine geringe soziale Distanz auf eher dezentrale Herrschaftssysteme.

1.3.2 Kollektivismus vs. Individualismus

Die zweite Dimension beschreibt die Rolle des Individuums innerhalb einer Gruppe oder Gesellschaft. Inwieweit kann das Individuum selbstbestimmt sein Leben gestalten? Ist ihm eine individuelle Lebensführung möglich, oder ist es in ein Kollektiv eingebunden und diesem gegenüber verpflichtet? Welche Wichtigkeit wird den zwischenmenschlichen Beziehungen beigemessen?

Hofstede unterscheidet zwischen ‚individualistisch ausgerichteten Kulturen' und ‚kollektivistisch ausgerichteten Kulturen'. In individualistisch ausgerichteten Kulturen wird dem eigenen Vorankommen Vorrang eingeräumt vor Werten wie etwa der Loyalität gegenüber der Gruppe oder dem Arbeitgeber. Jeder muss auf sich selbst gestellt zurechtkommen. Es besteht ein relativ schwacher sozialer Zusammenhalt. Zu den Werten zählen Freizeit, Freiheit in der Gestaltung des Arbeitsablaufs und persönliche Herausforderung. Des Weiteren wird in diesen Kulturen der klaren Äußerung der eigenen Meinung Wert beigemessen;

Konfrontationen werden nicht – wie in kollektivistischen Kulturen – unter allen Umständen vermieden, sondern als Problemlösestrategien akzeptiert (Hofstede 1991: 58). Der *Individualismus* beschreibt also Gesellschaften, in denen die Bindungen zwischen den Individuen locker sind: man erwartet von jedem, dass er für sich selbst und seine unmittelbare Familie sorgt.

Das Gegenstück, der *Kollektivismus*, beschreibt Gesellschaften, in denen der Mensch von Geburt an in starke, geschlossene Wir-Gruppen integriert ist, die ihn ein Leben lang schützen und dafür bedingungslose Loyalität verlangen (Hofstede 1997: 66). In kollektivistisch ausgerichteten Kulturen bestehen enge persönliche und sozial absichernde Beziehungen. Vom Individuum wird uneingeschränkte Loyalität der Gruppe gegenüber erwartet. Der Bewahrung von Harmonie in der Gruppe wird sehr viel Wert beigemessen. Offenes Widersprechen oder klare Ablehnungen werden vermieden. Anstelle eines *Nein* hört man hier eher Äußerungen im Sinne von *Vielleicht haben Sie recht, Wir werden sehen*, oder *Wir werden es uns überlegen.* Ein *Ja* darf in solchen Kulturen nicht sofort als Zusage interpretiert, sondern sollte eher im Sinne von Ja, *ich habe Sie verstanden* aufgefasst werden (Hofstede 1991: 58; Göpferich 2006: 392).

Menschen in kollektivistischen Gesellschaften sehen sich von Geburt an in eine Gemeinschaft integriert, die Geborgenheit vermittelt und gegenüber der man im Gegenzug auch Verpflichtungen hat. In einer individualistischen Gesellschaft ist der einzelne Mensch, von der Kleinfamilie abgesehen, unabhängig. Er agiert selbstbestimmt und -verantwortlich. Die IBM-Umfrage kam zum folgenden Ergebnis:

Rang	**Land**
15.	Deutschland
28.	Türkei

Tab. 3: Rangliste – Kollektivismus vs. Individualismus

Aus der Rangliste kann abgeleitet werden, dass je höher der Rang eines Landes ist, desto höher ist die individualistische Ausrichtung und je niedriger die Platzierung ist, desto kollektivistischer ausgerichtet ist die Nation. Insofern lässt sich behaupten, dass auch hier ein klarer Unterschied zwischen der türkischen, kollektivistisch orientierten Kultur und der deutschen Kultur mit ihrer individualistischen Prägung vorherrscht. Diese Prägung finden wir in allen Lebensbereichen. Kollektivistische Denk- und Verhaltensweisen werden bereits in der Kindheit erlernt und als „Wir"-Gefühl vermittelt. Die Familie nimmt daher in der Türkei einen sehr hohen Stellenwert ein. Dies bezieht sich auf die gesamte Großfamilie. So kann auch ein entfernter Verwandter auf Hilfestellung hoffen und sicher sein, im familiären Netzwerk aufgefangen zu werden. Eine starke gegenseitige Beziehung und Unterstützung ist gewährleistet, die sich auch auf das berufliche Leben auswirkt. Man ist eher gewillt, einen Verwandten, den man einschätzen kann, in sein Geschäft aufzunehmen oder zu empfehlen, als einen vollkommen Fremden. Individualistischen Verhaltensweisen steht man daher in der türkischen Gesellschaft eher negativ gegenüber. Das Individuum steht immer hinter dem Kollektiv zurück, ob in der Familie oder im Berufsleben. Für individualistische Selbstverwirklichung hat man kein Verständnis, weil das dem kollektiven Gedanken und der islamischen Religion zuwiderläuft (Moser-Weithmann 2008: 119).

In Deutschland hat sich inzwischen eine individualistische Gesellschaft herausgebildet. Sie vertritt das Prinzip, jede Person sei für sich selbst verantwortlich und könne den eigenen Lebensentwurf verwirklichen. Selbstbestimmung und persönliche Freiheit stehen in der Werteskala ganz oben. Die türkische Gesellschaft ist indessen nach wie vor kollektivistisch geprägt. Auch für die junge Generation bildet die Familie den wichtigsten Bezugspunkt. Ihr ist man verpflichtet, von ihr wird man aufgefangen – in jeder Beziehung. Der Wunsch nach Unabhängigkeit von Familie und Verwandtschaft ist somit weniger ausgeprägt als in Deutschland. Im Geschäftsleben verhelfen die familiären Bande zu guten Verbindungen. Auch das Geschäftsleben ist vielfach familiär organisiert: Familienholdings wie Yaşar, Koç, Sabancı und andere haben ihre Klientel, Freunde und Partner (Moser-Weithmann 2008: 120).

In einer Kollektivgesellschaft fühlt sich der Einzelne zugleich als Vertreter oder Repräsentant des Staates und nimmt daher Kritik an seinem Staat persönlich. Eine kritische Äußerung von außen wird als Einmischung in innere Angelegenheiten gewertet.

Die kollektivistische Einstellung zeigt sich auch im Arbeitsleben und im Verhältnis zwischen den Arbeitskollegen. Hier wird der Harmonie und der Loyalität so gut wie immer Vorrang vor individualistischer Persönlichkeitsentfaltung eingeräumt. Stets wird die Bindung zur Gruppe hervorgehoben (Moser-Weithmann 2008: 121).

Deutschsprachiger Raum (Ich-Orientierung)	**Türkischsprachiger Raum** (Wir-Orientierung)
Unabhängigkeit, selbstzentriert	Mitglied einer Gruppe, Bindung, Zugehörigkeit
Selbstbestimmung	Fremdbestimmung durch Gruppe
Individuelle Beziehung	Kollektive Beziehung
Persönliche Meinung	Harmonie, Loyalität
Distanz	Nähe

Tab. 4: Eigenschaften – Kollektivismus vs. Individualismus

Bereits bei einem Vergleich dieser Auflistung fällt auf, dass fast alle wohlhabenden Länder einen relativ hohen Individualismus-Index aufweisen, die armen dagegen einen relativ niedrigen (Hofstede 1991: 53). Zugleich lässt sich auch eine Korrelation zwischen der Größe der sozialen Distanz und dem Individualismus-Index erkennen: Viele Länder mit großer sozialer Distanz weisen einen relativ niedrigen Individualismus-Index auf (Hofstede 1991: 54f.; Göpferich 2006: 392).

1.3.3 Unsicherheitsvermeidung

Unter der Dimension *Unsicherheitsvermeidung* versteht Hofstede den Grundgedanken, wie stark die Menschen einer Kultur dazu neigen, ihnen unbekannte oder ungewohnte Situationen zu meiden. Typisch für Kulturen mit starker Unsicherheitsvermeidung ist, dass alles Fremde und Andersartige als gefährlich und bedrohlich empfunden wird (Hofstede 1991: 116).

In Kulturen mit schwacher Unsicherheitsvermeidung wird Ungewissheit als Teil des Lebens aufgefasst. In solchen Kulturen gibt es tendenziell weniger Gesetze, Regeln und Vorschriften als in Ländern mit starker Unsicherheitsvermeidung. Man ist stolz darauf, dass Probleme auch ohne strenge Regeln gelöst werden können (Göpferich 2006: 394).

Unsicherheitsvermeidung wird, mit anderen Worten, definiert durch den Grad, bis zu dem sich die Angehörigen einer Kultur von ungewissen oder unbekannten Situationen bedroht fühlen. In Ländern, in denen dieser sich auf einem niedrigen Niveau bewegt, bedeutet dies u.a., dass hier Unsicherheit als Bestandteil des Lebens akzeptiert wird, Toleranz gegenüber Andersartigem eher gewährt ist, Regeln nur so weit wie nötig erlassen werden. In Ländern mit einem hohen Grad an Unsicherheitsvermeidung hingegen besteht die Tendenz, Abweichungen zu sanktionieren, alles per Gesetz zu regeln und Spezialisten einen hohen Rang einzuräumen.

Im kreativen Bereich ist zu beobachten, dass aus Ländern mit schwacher Unsicherheitsvermeidung mehr Erfindungen hervorgehen, da hier eine größere Toleranz gegenüber abweichenden Ansichten herrscht. Allerdings werden die Erfindungen in diesen Ländern selten zur Marktreife weiterentwickelt, da hierfür sehr viel Detailarbeit und Disziplin erforderlich ist, die eher Menschen aus Ländern mit starker Unsicherheitsvermeidung mitbringen (Göpferich 2006: 395).

Gesellschaften, in denen ein hoher Grad an Unsicherheitsvermeidung herrscht, zeichnen sich durch einen ausgeprägten Hang zu klaren Strukturen und zu genauer Planung aus. Strenge Formalisierung, genaue Vorschriften und Richtlinien dienen dazu, alle möglichen Unsicherheiten zu vermeiden. Durch Planung und Berechenbarkeit versucht man alle Unwägbarkeiten auszuschließen und Sicherheit zu gewährleisten. Das bedeutet aber gleichzeitig eine geringe Ambivalenztoleranz.

In der Politik äußert sich die starke Ausprägung dieser Dimension häufig in Nationalismus und Unterdrückung von Minderheiten. Alles Fremdartige und Unbekannte verursacht bei den Menschen Unwohlsein und Bedrängnis. Am Arbeitsplatz herrschen daher starre Vorschriften und Richtlinien und eine klare Regelung von Rechten und Pflichten. Häufig werden Konflikte aber auch einfach geleugnet (Moser-Weithmann 2008: 124).

Bei den IBM-Umfragen kam Hofstede zu den nachfolgende Ergebnissen:

Rang	**Land**
16./17.	Türkei
29.	Deutschland

Tab. 5: Rangliste – Unsicherheitsvermeidung

Aus der Rangliste kann abgeleitet werden, dass je höher der Rang eines Landes ist, desto schwächer die Unsicherheitseinstellung und je niedriger die Platzierung ist, desto stärker ist die Unsicherheitseinstellung der Nation.

Deutschland (29. Rangplatz) nimmt in der Unsicherheitsvermeidung heute einen mittleren Rang ein. In Gesellschaften mit niedriger oder schwacher Unsicherheitsmeidung sind flexible Arbeitsstrukturen, wie Arbeitszeiten und Mobilität ebenso augenscheinlich wie ein gewisser Widerstand gegen formelle Regeln. In diesen Gesellschaften ist man eher risikobereit.

Die türkische Kultur (16./17. Rangplatz) verhält sich ausgesprochen ambivalent: Einerseits weist sie auf staatlicher Ebene einen hohen Grad an Unsicherheitsvermeidung auf, d.h. in allen Ämtern und Institutionen herrscht ein hohes Maß an Unsicherheitsvermeidung. Entgegengesetzt verhält es sich in der Türkei allerdings im nichtstaatlichen Bereich, sowohl im Wirtschaftsleben wie im privaten Alltagsleben. Hier erfreut man sich großer Flexibilität und verfügt über erstaunliches Improvisationsvermögen. Man legt eher eine *Inschallah*-Mentalität („Wenn Gott will“) an den Tag und erfreut sich einer hohen Ambivalenztoleranz. Man reagiert auf Arbeitsabläufe flexibel, improvisationsfreudig und mit großer Gelassenheit: Bakalım – Schauen wir mal, was passiert (ebd.):

Deutschsprachiger Raum (Starke Unsicherheitsvermeidung)	**Türkischsprachiger Raum** (Schwache Unsicherheitsvermeidung)
Berechenbarkeit, Planbarkeit ist wichtig	Berechenbarkeit, Planbarkeit ist weniger wichtig
Strukturen, festgelegte Abläufe	Flexibilität, reaktiv, situationsbezogene Abläufe
Sicherheit durch Planungsvermögen	Sicherheit durch Improvisationsvermögen
Eher aktiv, selbstbestimmend	Eher passiv, vorherbestimmt (inşallah)
Geringe Ambivalenztoleranz	Hohe Ambivalenztoleranz

Tab. 6: Eigenschaften – Unsicherheitsvermeidung

Hinsichtlich der möglichen Ursache für den Grad der Unsicherheitsvermeidung in den unterschiedlichen Kulturen stellt Hofstede die Hypothese auf, dass auch für die Ausprägung dieses Merkmals die Wurzeln mehr als 2000 Jahre zurückreichen. Auch hier sind, wie bei der sozialen Distanz, bei den Erben des Römischen Reiches Gemeinsamkeiten zu erkennen (Hofstede 1991: 135): Sie neigen zur Unsicherheitsvermeidung. Bezogen auf die orientalisch-türkische Kultur kann man davon ausgehen, dass hier ein schwacher Hang zur Unsicherheitsvermeidung vorliegt. Zwar waren sowohl das Römische als auch das Osmanische Reich mächtige zentralistische Staaten. Sie unterschieden sich jedoch darin, dass es im Römischen Reich schriftlich fixierte Gesetze gab, die für alle römischen Bürger galten, was im Osmanischen Reich nicht der Fall war. Dies mag der Grund dafür sein, dass die Erben des Römischen Reiches noch heute nach Gesetzen und Regeln verlangen, um ihre Unsicherheit zu verringern, während dies für die Erben des Osmanischen Reiches nicht immer zutrifft.

1.3.4 Femininität vs. Maskulinität

Hofstede hat den Versuch unternommen, die Rollenzuschreibung der Geschlechter in einer Gesellschaft mit einer weiteren Kulturdimension zu erfassen. Harte Verhandlungskulturen, wie die deutsche oder US-amerikanische, nennt man „maskulin“. Diese maskuline Gesellschaftsform ist vor allem im „westlichen Kulturkreis“ zu beobachten. Individuen aus den maskulinen Gesellschaften legen besonders viel Wert auf die Höhe des Gehalts, Anerkennung für erbrachte Leistung und gute Aufstiegschancen. Sie haben ein sehr selbstbewusstes Auftreten. Konflikte werden in dieser Gesellschaftsform offen ausgetragen, Probleme nach dem Motto: „hart aber fair“ bewältigt (Moser-Weithmann 2008: 122). Bei seiner Studie kam Hofstede zum nachfolgenden Ergebnis (Hofstede 1991: 84):

Rang	**Land**
9./10.	Deutschland
32./33.	Türkei

Tab. 7: Rangliste – Femininität vs. Maskulinität

Aus der Rangliste kann abgeleitet werden, dass je höher der Rang eines Landes ist, desto höher die maskuline Einstellung ist und je niedriger die Platzierung ist, desto femininer ausgerichtet ist die Nation.

Toleranz im Sinne von Nachgiebigkeit, Kompromiss- und Hilfsbereitschaft sind Eigenschaften einer „femininen“ Kultur. Individuen aus an femininen Werten orientierten Kulturen sind eher bescheiden und zurückhaltend. Die türkische Kultur wird als „feminin“ bewertet, da sie eine Konflikte vermeidende Kultur ist. Feminine Gesellschaften legen viel Wert auf eine harmonische und partnerachtende Verhandlungs-, Arbeits- und Lebensatmosphäre. Dies drückt sich auch in der Art und Weise aus, wie Konflikte gelöst werden. Während feminine Gesellschaften Probleme durch Kompromisssuche und Verhandlungstaktik lösen, bevorzugen maskuline Gesellschaften eine direkte und faire Auseinandersetzung. Wettbewerb und Leistungsorientierung gelten als selbstverständlich, bieten sie doch die Grundlage für den Erwerb von Status und Verdienst (Moser-Weithmann 2008: 122).

Das „Verhandlungsmuster“ in der türkischen Kultur unterscheidet sich demnach deutlich vom deutschen. Türken vermeiden es, in einer sozialen Situation einen

Konflikt zu verursachen. Durch die Betonung der „Beziehungsebene“, die häufig auf Kosten der Informationsebene geht, wird ein Streit im deutschen Sinne nicht entstehen. Man „umgeht“ die Konflikte. Es ist daher auch nicht üblich, dass Mitarbeiter danach streben, sich durch besondere Leistungen oder Diskussionsbeiträge hervorzuheben, sondern man verhält sich in erster Linie angepasst. Die Beziehungsebene und ein harmonisches Verhältnis am Arbeitsplatz genießen Vorrang. Selten wird sich ein türkischer Mitarbeiter gegenüber seiner Gruppe hervortun. Lösungen werden normalerweise in der Gruppe gesucht. Das heißt aber auch, dass niemand die Verantwortung für eine Fehlleistung übernimmt. Was geschehen ist, ist vorbei und man versucht gemeinsam eine Lösung zu finden. Wer die Verantwortung übernimmt, verliert an Ansehen (ebd.: 123).

Türken charakterisieren sich häufig selbst als „warmherzig“ und großzügig. Trotzdem können sie hart verhandeln, wenn es um die Sache geht und ihnen Verträge als ungünstig erscheinen. Sie werden dann eher neu verhandeln oder andere Lösungswege suchen, um einen konfrontativen Stil zu vermeiden. Es kann auch vorkommen, dass sie Verträge stillschweigend unterlaufen. Die Wettbewerbsorientiertheit, Leistungsbezogenheit und geringe Toleranzschwelle auf deutscher Seite können sehr leicht Konflikte hervorrufen, aus denen sich dann die türkische Seite zurückzieht (ebd.).

Eine tabellarische Gegenüberstellung der von Hofstede eingeführten Dimension verdeutlicht die Unterschiede zwischen maskulinen und femininen Kulturen (Hofstede 1991: 96; vgl. Moser-Weithmann 2008: 123):

Türkischsprachiger Raum (Feminine Kulturen)	← →	**Deutschsprachiger Raum** (Maskuline Kulturen)
Männer müssen sich nicht behaupten und können auch pflegende und erzieherische Rollen einnehmen		Männer müssen sich ständig behaupten. Frauen übernehmen die pflegende und erzieherische Rolle
Die Geschlechterrollen innerhalb der Gesellschaft verschwimmen eher		Die Geschlechterrollen innerhalb der Gesellschaft sind klar definiert
Gleichheit der Geschlechter wird angestrebt		Männer sollten innerhalb der Gesellschaft dominieren
Lebensqualität ist sehr wichtig		Quantitative Wohlstandsorientierung herrscht vor
Ziel der Arbeit ist es, zu leben		Ziel des Lebens ist es, zu arbeiten
Menschen und Umwelt sind wichtig		Geld und Gegenstände sind wichtig
Zusammenleben wird angestrebt		Unabhängigkeit wird angestrebt
Hilfestellung zu geben ist motivierend		Ambitionen und Ziele wirken motivierend
Sympathien sind häufig bei den Unterlegenen		nur der Beste steht im Rampenlicht und wird bewundert
Klein und langsam ist schön		Groß und schnell ist schön
Androgynität wird angestrebt		Prahlerische Männlichkeit ist ideal

Tab. 8: Eigenschaften – Femininität vs. Maskulinität

1.3.5 Kurzfristige vs. langfristige Zeitorientierung

In späteren Forschungsarbeiten erweiterte Hofstede die Kulturdimensionen um eine fünfte Dimension, die sich bei Untersuchungen in China als sinnvoll erwies. Es hat sich gezeigt, dass in Bezug auf den Umgang mit der Zeit zwischen einer kurz- und einer langfristigen Orientierung unterschieden werden muss, d.h. ob eine Gesellschaft ihren Fokus eher in der Vergangenheit und Gegenwart verortet oder ihn in die Zukunft legt (Hofstede 1991: 160f.).

Werte in langzeitorientierten (zukunftsorientierten, dynamischen) Kulturen wie China, Hongkong und Japan sind Ausdauer und Disziplin, Fügung in soziale Hierarchien, Sparsamkeit und Schamgefühl. In kurzzeitorientierten Ländern wie den USA oder Pakistan werden Werte wie Stabilität, Wahren des Gesichts, Tradition und Gegenleistungen für Gefallen und Geschenke hochgehalten (Hofstede 1991: 165f.).

Für die türkische Kultur gibt es bisher noch keine hinreichenden Forschungsergebnisse, die eine eindeutige Zuordnung ermöglichen würden. Es kann davon ausgegangen werden, dass sich auch in dieser Dimension Differenzen zwischen der deutschen und der türkischen Kultur zeigen werden. Dennoch kann man eine eher kurzfristige Zeitorientierung für die Türkei annehmen, die der deutschen eher langfristigen Zeitorientierung entgegenstehen würde. Auch in anderen Forschungen zeigte sich diese Tendenz (Moser-Weithmann 2008: 125).

Alle Dimensionen bestehen aus idealtypischen Merkmalen, deren maximale Ausprägungen sich auf einander gegenüberstehenden Extrempolen befinden. Die Studie zeigt, dass die beiden Länder tendenziell in Richtung des einen oder anderen Extrempols eingeordnet werden können. Sie befinden sich allerdings alle innerhalb eines gewissen Kontinuums entlang des einen oder anderen Endes der Skala.

Zwar betreffen die Untersuchungen, wie gesagt, die nationale Ebene, sie könnten aber genauso gut auf alle anderen oben genannten Ebenen angewandt werden. Da Menschen zumeist mehreren Subkulturen angehören, könnten sie unter Umständen auch mit Kulturen in Kontakt kommen, deren Positionierungen in den angeführten Dimensionen gegensätzlich sind.

Jede Kultur befindet sich näher an dem einen oder anderen Ende der Extrempole der dargestellten Dimensionen. Ihre Denk-, Handlungs- und Bewertungsweisen sind davon beeinflusst, und dies hat wiederum Auswirkungen auf die kommunikativen Prozesse. Sie beeinflussen die Themenauswahl und den Umgang mit bestimmten Themen, vor allem wenn es sich um Tabuthemen handelt. Sie beeinflussen auch den Einsatz von Registern und kommunikativen Stilen.

Die vorangehende, exemplarisch dargestellte Diskussion des Kulturbegriffs dient dem Hauptanliegen der vorliegenden Arbeit. Bei der technischen Übersetzung, vor allem im Falle des Sprachenpaares Türkisch–Deutsch, spielen die kulturspezifischen Textinhalte eine wichtige Rolle. Wie der Übersetzer bei

seiner Tätigkeit damit umgeht und wie er dem ZT-Leser die Kulturmarkierungen darbietet bzw. „näherbringt“, sind wichtige Aspekte, die im Folgenden erörtert werden.
Die Behandlung von Kulturmodellen sowie die Illustration der Auswirkungen türkischer und deutscher Werte auf die Kommunikation kann die eigene „Kulturbrille“ bewusst machen und für kulturelle Unterschiede im Allgemeinen sensibilisieren. Speziell Textproduktionsspezialisten kann eine Beschreibung bzw. ein Vergleich einer bestimmten Ausgangs- und einer bestimmten Zielkultur anhand eines Modells wie dem Hofstedes Anhaltspunkte für die Bereiche geben, in denen eine Tiefenlokalisierung erforderlich ist. Hierdurch wird die Wahl geeigneter Lokalisierungs- und Internationalisierungsmaßnahmen unterstützt (Göpferich 2006: 402).
Im Folgenden soll die Beziehung von Übersetzen, Lokalisierung und Internationalisierung bearbeitet werden, um auf die Rolle der Übersetzung in der interkulturellen Kommunikation im Bereich der technischen Übersetzung näher eingehen zu können.

1.4 Übersetzen: Lokalisierung oder Internationalisierung

Im Zuge des *Globalisierungsprozesses* werden heute Produkte weltweit verkauft. Dies darf jedoch nicht ohne eine hinzugefügte Dokumentation erfolgen, welche die Spezifika der jeweiligen Kulturkreise bzw. Regionen berücksichtigt. *Einfaches* Übersetzen, wie es vor einigen Jahren noch üblich war, stellt die Kunden nicht mehr zufrieden. Zur Benennung dieser Anpassungsvorgänge werden zwei Bezeichnungen verwendet, die in der Softwarebranche entstanden sind: *Internationalisierung* und *Lokalisierung*. Als die Softwarehersteller ihre Erzeugnisse im Ausland zu verkaufen begannen, erkannten sie sogleich, dass sie sich den Bedürfnissen der Kunden anpassen mussten. Man begann sich an sogenannten Gebietsschemata zu orientieren, die Sprache, kulturelle Gegebenheiten, gesellschaftliche Konventionen sowie wirtschaftliche und rechtliche Bedingungen der Zielmärkte näher charakterisierten (Satzger 2004: 398). Dabei wurde deutlich, dass der Produzent der Gebrauchsanleitung nicht nur die Aufgabe hat, Kommunikationsbarrieren zwischen Experten und Laien zu überwinden, er muss ebenfalls Kulturbarrieren erkennen und sie bei der Textproduktion berücksichtigen.

Bevor die Anpassungsvorgänge von *Internationalisierung* und *Lokalisierung* im Einzelnen dargestellt und mit zutreffenden Beispielen versehen werden, soll der Begriff der Globalisierung, der diese beiden Begriffe sozusagen von Grund auf stark beeinflusst und geprägt hat, geklärt werden.

Globalisierung ist ein Begriff, der aus der Wirtschaft stammt, von Theodore Levitt mit „The Globalization of Markets" (1983) eingeführt wurde und erst seit den frühen 90er Jahren des 20. Jahrhunderts die sozialwissenschaftliche Diskussion prägt. Ulrich Beck, einer der wichtigsten Vertreter der deutschen Globalisierungsforschung, bestimmt Globalisierung als „Prozesse, in deren Folge die Nationalstaaten und ihre Souveränität durch transnationale Akteure, ihre Machtchancen, Orientierungen, Identitäten und Netzwerke unterlaufen und querverbunden werden" (1997: 28f.). Unter Globalität versteht Beck die heutige Weltgesellschaft; es gibt keine geschlossenen Räume mehr. Dabei meine Weltgesellschaft „die Gesamtheit sozialer Beziehungen [...], die nicht in nationalstaatliche Politik integriert oder durch sie bestimmt und/oder bestimmbar sind" (ebd.).

Nach einer Definition der OECD ist die Globalisierung der Wirtschaft jener „Prozess, durch den Märkte und Produktion in verschiedenen Ländern zunehmend voneinander abhängig werden, infolge des grenzüberschreitenden Handels mit Gütern, Dienstleistungen und Arbeitskräften und der Bewegung von Kapital und Technologie" (Safranski 2003: 16).

Globalisierung bedeutet demnach eine immer stärkere Vernetzung und das gleichzeitige Voneinanderabhängigwerden von Märkten und Wirtschaftsräumen, und damit auch von lokalen Standorten. Unter anderem wird der Begriff *Globalisierung*, indem er auf die Gesellschaft ausgedehnt wird, wie folgt präzisiert (Reichert 2010: 11):

> Globalisierung verweist auf diejenigen Prozesse, die sich in einem weltweiten Maßstab abspielen, über nationale Grenzen hinweggehen und dabei Gemeinschaften und Organisationen in neuen Raum-Zeit-Kombinationen integrieren und verbinden, wodurch die Welt objektiv und in der Erfahrung der Menschen stärker miteinander verbunden

> wird. Globalisierung bedeutet eine Bewegung weg von der klassischen soziologischen Idee der Gesellschaft, die als ein klar abgegrenztes System verstanden wurde – das geografisch mit dem Territorium eines Nationalstaates oder einer Region identifiziert wurde – und deren Ersetzung durch eine Perspektive, die sich darauf konzentriert, wie das soziale Leben über Zeit und Raum[grenzen hinweg] geordnet ist.

Diesem zufolge beinhaltet dieser Begriff „vielfache interkulturelle Begegnungen, Konflikte und Formen der Kooperation als ein Thema in der Globalgeschichte“ (Holton 2005: 53). Nationalstaatliche oder kulturelle Grenzen werden hierbei grundsätzlich überschritten. Entscheidend ist die „relationale Dimension historischer Prozesse“ (vgl. Reichert 2010: 28). Stichworte wären etwa Diaspora, multikulturelle Begegnungen und Hybridisierung, Handelsverbindungen und -wege, Völkerwanderungen und die Diffusion von Kultur.
Auch zukünftige Globalisierungsprozesse werden weder eine Vereinheitlichung noch ein Verschwinden aller Differenzen mit sich bringen. Die Komplexität wird vor allem aufgrund technologischer Entwicklungen und Wissensfortschritte zunehmen, neue Differenzen werden entstehen bzw. erkennbar werden. Die zunehmende Verflechtung in den Bereichen Wirtschaft, Technik, Politik u.a. und die damit einhergehende Zunahme der internationalen Kommunikationen bedeuten zum anderen aber auch eine Zunahme des Bedarfs an Übersetzungs- und Dolmetschleistungen (Schäffner 2004: 20). Im selben Zuge werden einige Strategien in Betracht gezogen, die bei der Produktion von technischen Texten häufig angewandt werden, wenn sie in eine andere Sprache und Kultur übertragen werden. Die neu erstellten Texte sollen sich nun so lesen, als ob sie originär in der Zielsprache und -kultur erstellt worden wären[7]. Hierzu ist es zum einen erforderlich, dass die Texte in die entsprechende Sprache oder in die entsprechenden Sprachen des Ziellandes übersetzt werden. Allerdings reicht, wie oben erwähnt, eine *einfache* Übersetzung nicht immer aus. Es sind tiefer greifende Anpassungsvorgänge nötig, für die sich im Zusammenhang mit der Vermarktung von Produkten über die Landesgrenzen hinweg und der damit

[7] Siehe hierzu auch Tanış Polat (2007: 125; 34): Tanış Polat spricht in diesem Sinne von Variationsmöglichkeiten, die dem Übersetzer bei der Übertragung vorliegen. Dabei wird die Formulierung des zielsprachlichen Textes von den „kulturellen Spielräumen“ des Übersetzers ausgehend beeinflusst.

erforderlichen funktions- und adressatengerechten interkulturellen Textproduktion einige Schlagwörter etabliert haben. Diese beschreiben zugleich die Problemstellungen in der interkulturellen Situation. In Bezug auf Übersetzungsvorgänge ist in der Literatur, wie oben erwähnt, von zwei unterschiedlichen, dennoch miteinander verwobenen Vorgehensweisen die Rede (Göpferich 1998: 285):

1. *Lokalisierung (Nationalisierung).*
2. *Internationalisierung.*

Im Zusammenhang mit der Erstellung fremdsprachiger Versionen von technischen Texten, insbesondere technischer Dokumentationen, stößt man seit Ende der 80er Jahre immer häufiger auf die Begriffe *Lokalisierung* und *Internationalisierung.* Sie werden in den folgenden Abschnitten definiert und anhand von Beispielen aus dem Korpus illustriert.

1.4.1 Lokalisierung

Unter *Lokalisierung* [*Nationalisierung (de); Yerelleştirme (tr)*] versteht man die Anpassung eines Produkts einschließlich seiner Dokumentation an die Gegebenheiten eines anderen Absatzmarktes.

> Ein professionell lokalisiertes Produkt ermöglicht die Interaktion in der eigenen Sprache und unter Berücksichtigung der jeweiligen kulturellen Gegebenheiten. Darüber hinaus bedeutet Lokalisierung, dass alle für den Benutzer sichtbaren Texte und sämtliche gedruckten und elektronischen Dokumentationen in der Sprache des Benutzers vorliegen und den kulturellen Konventionen entsprechen. Schließlich erfüllt ein professionell lokalisiertes Produkt alle behördlichen Bestimmungen und andere Voraussetzungen des jeweiligen Ziellandes bzw. der einzelnen Regionen (Henes 2002: 20).

Diese Sicht auf Lokalisierung bedarf der Differenzierung unter dem Aspekt des jeweils notwendigen und auch vertretbaren Arbeitsaufwands. Die Lokalisierung wird im Türkischen als *Yerelleştirme* bezeichnet.

Mit der voranschreitenden Globalisierung entstehen auch Befürchtungen hinsichtlich des Verlusts von eigener kultureller Identität, so dass es selbstverständlich von Vorteil ist, dem potentiellen Kunden und damit auch Nutzer der Dokumentation zu signalisieren, dass man seine Bedürfnisse kennt und sein Identitätsbewusstsein respektiert, indem man das Produkt lokalisiert, also an ein spezifisches Gebietsschema anpasst (Satzger 2004: 399).

1.4.1.1 Lokalisierung und Übersetzen

In Anlehnung an Hofts (1995: 11f.) Begriffe *general localization* und *radical localization* spricht Göpferich (1998: 293f.) von *Oberflächenlokalisierung* und *Tiefenlokalisierung*. Oberflächenlokalisierung bedeutet Sprachtransfer, Umrechnung von Währungsangaben und Maßeinheiten, Anpassung von Datums- und Zeitangaben usw. Da die Tiefenlokalisierung Denk- und Handlungsstile mit berücksichtigt, ist sie wesentlich komplizierter als die Oberflächenlokalisierung. Bei der Tiefenlokalisierung müssen kulturelle Unterschiede in der Art wie die jeweiligen Adressaten denken, lernen, verhandeln usw. sowie kulturell bedingt unterschiedliche Erwartungshaltungen einkalkuliert werden. Diese beiden Varianten kann man strenggenommen als entgegengesetzte Enden einer Skala betrachten, auf der es Zwischenstufen gibt.

So kommt es bei Anwendern in bestimmten Kulturkreisen vor, dass sie die Gebrauchsanleitung tatsächlich lesen, weil sie zusätzlich zu ihrem Handlungswissen noch Hintergrundwissen haben möchten. Die Anwender in anderen Kulturkreisen hingegen gehen mit dem Text ausgesprochen selektiv um, so dass der Zugriff auf die Informationen auf eine ganz andere Art und Weise, z.B. durch Suchsysteme, gewährleistet werden muss. Hierzu ein Beispiel: Wenn Türken oder auch Deutsche ein neues Produkt erwerben, so möchten sie es in der Regel möglichst sofort nutzen, ohne die gesamte Anleitung lesen zu müssen. Typischerweise versuchen sie, das Produkt ohne Lesen der Anleitung einzusetzen, und schlagen nur im Problemfall gezielt nach. Für die Textproduktion bedeutet das, dass die Anleitung den türkischen oder deutschen Benutzern möglichst knapp und mit gezielten Zugriffsmöglichkeiten, eventuell über ein Inhaltsverzeichnis oder ein Register, genau die Informationen bieten muss, die deren mögliche Fragen beantworten. Hintergrundinformationen in Anleitungen

sind für Türken und Deutsche Ballast, werden daher von ihnen eher negativ bewertet und sollten folglich ausgespart werden.
Japaner dagegen gehen mit einer ganz anderen Erwartungshaltung an ein Produkt heran. Bevor sie es nutzen, möchten sie die Möglichkeiten kennenlernen, die das Produkt bietet. Sie erwarten daher von einer Anleitung nicht nur Instruktionen, sondern auch Hintergrundinformationen. Für eine Tiefenlokalisierung bedeutet das, dass das türkische bzw. deutsche Ausgangsmaterial für den japanischen Kulturraum nicht nur übersetzt, sondern unter Umständen inhaltlich auch deutlich expandiert werden muss (Göpferich 1998: 294).
Bei der Entscheidung, ob für ein Produkt eine Oberflächen- oder eine Tiefenlokalisierung vorgenommen wird, sind etliche Faktoren gegeneinander abzuwägen. Einer dieser Faktoren sind die Lokalisierungskosten, die mit zunehmender Tiefe der Lokalisierung ansteigen; einen weiteren Faktor stellen die Konkurrenzprodukte dar, die auf dem Markt, den man bedienen möchte, bereits existieren. Gibt es auf dem zu bedienenden Markt bereits eine Reihe gut lokalisierter Konkurrenzprodukte zu Preisen, die man selbst nicht deutlich unterbieten kann, so wird man mit dem eigenen neu einzuführenden Produkt nur dann Marktanteile gewinnen können, wenn es gut lokalisiert wird, nach Möglichkeit sogar besser als die anderen Produkte. Gibt es hingegen auf dem zu bedienenden Markt kaum oder gar keine Konkurrenz und besteht dort für das neu einzuführende Produkt eine große Nachfrage, so werden sich die potentiellen Kunden auch mit einem weniger gut lokalisierten Produkt zufrieden geben. Letztlich müssen die Lokalisierungskosten stets gegen die mögliche Umsatzsteigerung, die mit dem Vertrieb auf einem neuen Markt angestrebt wird, abgewogen werden (ebd.).
Um Aufschluss über tiefer gehende kulturelle Unterschiede im Denken, Empfinden, den Erwartungshaltungen usw. zwischen den Adressaten in der Ausgangs- und Zielkultur zu gewinnen, die eine Tiefenlokalisierung angezeigt erscheinen lassen, kann eine Kulturanalyse von Nutzen sein.
Der „reine" Sprachtransfer in Lokalisierungsprozessen wird von Laien landläufig als *Übersetzen* bezeichnet (Göpferich 2006: 336). So gesehen, wäre also das Übersetzen ein Teilprozeß des Lokalisierungsvorgangs. Geht man jedoch von einem funktionalistischen Übersetzungsbegriff aus (Reiss/Vermeer 1984: 105; Hönig/Kussmaul 1984; Schmitt 1999: 43f.), kann die Angemessenheit

einer Übersetzung nicht am Grad der Übereinstimmung ihres Inhalts und ihres Stils mit dem Inhalt bzw. Stil des Ausgangstextes (AT) gemessen werden. Vielmehr muss sie danach beurteilt werden, ob der Zieltext (ZT) die vor dem Übersetzungsvorgang unbedingt zu spezifizierende Funktion erfüllt. Übersetzen und Lokalisieren stellen dann in Bezug auf die Dokumentation eines Produktes inklusive seiner Beschriftung Synonyme dar. Lokalisieren ist also aus der Sicht der Funktionalisten im sprachlichen Bereich *alter Wein in neuen Schläuchen*. Eine „rein sprachliche" Übersetzung eines Gebrauchstextes ohne sonstige Anpassungen an die Zielkultur wäre ein unsinniges Unterfangen, da die für diese Textsorte geforderte Funktionskonstanz nicht gewährleistet werden könnte. Und wenn man das „reine Übersetzen" vom sonstigen Lokalisieren trennen könnte, welche Ausbildung sollte dann zum Lokalisierungsexperten qualifizieren, wenn nicht die Übersetzungsausbildung, in der die Vermittlung kultureller Kompetenz, wie sie für Lokalisierungen erforderlich ist, doch ein wesentliches Ausbildungsziel darstellt?
Daraus ergibt sich als Fazit für die Translationsdidaktik:
Was die Vermittlung der Fähigkeit zum Lokalisieren im sprachlichen Bereich und mit sprachlichen Mitteln betrifft, kann man sich überall dort beruhigt zurücklehnen, wo die Studierenden ohnehin lernen, gemäß der Skopostheorie funktions- und adressatengerecht zu übersetzen. Zu solchem funktions- und adressatengerechten Übersetzen gehört es beispielsweise, dass Beiträge und Maßangaben in die jeweilige Landeswährung bzw. die in dem jeweiligen Land üblichen Maßeinheiten umgerechnet werden. Hierzu gehört auch, dass Namen, die im Ausgangstext beispielhaft genannt werden und für die Ausgangskultur typisch sind, nicht unverändert in die Übersetzung übernommen, sondern durch solche Namen ersetzt werden, die in der Zielkultur üblich sind (Göpferich 2006: 337). Einige solcher Lokalisierungsstrategien werden im Folgenden vorgestellt.

1.4.1.2 Lokalisierungsstrategien

1) Anpassung an kulturspezifisches Geschäftsverhalten

Vor der eigentlichen Lokalisierung von Produkten und ihrer Dokumentation ist es erforderlich, mit Geschäftspartnern des neuen Absatzmarktes vor Ort in Kontakt zu treten, um die Lücke im eigenen Wissen über die andere Kultur zu schließen. Dieses kann selbst nach jahrelanger Auslandserfahrung nicht in allen Punkten ausreichend sein. Der Hersteller benötigt entsprechende Kontakte auch zur Klärung terminologischer Fragen und zur Beseitigung stilistischer Ungereimtheiten. Auch der Kontakt mit Korrekturlesern und Versuchspersonen vor Ort kann hergestellt werden, denen die Dokumentation später zum Testen vorgelegt wird. Um eine gute Zusammenarbeit mit den Partnern im Ausland und einen ungehinderten Informationszufluss sicherzustellen, ist es erforderlich, sich auf das jeweilige Geschäftsverhalten einzustellen (Göpferich 1998: 318f.).

So gebührt beispielsweise im türkischen Geschäftsleben die Orientierung am Menschen vor dem eigentlichen Geschäft. Im Umgang mit türkischen Partnern stehen immer die Person und die Beziehung zu ihr im Vordergrund, das eigentliche Geschäft spielt eine untergeordnete Rolle. Dieser Zustand würde dem sachorientierten Verhalten der Deutschen entgegenstehen, da sich die deutschen Geschäftsleute auf die Sache und das Ziel konzentrieren. Fachkompetenz steht bei den Deutschen in der beruflichen Zusammenarbeit an erster Stelle, für die türkischen Geschäftsleute ist jedoch die Beziehungsebene ausschlaggebend (Moser-Weithmann 2008: 132).

2) Anpassung an kulturspezifische Alltagsgepflogenheiten

In der Reinigungsanleitung für die Thermoskanne eines deutschen Herstellers erscheint der Hinweis, dass die Kanne nur unter fließendem Wasser gereinigt werden darf. Für die deutschen Rezipienten, die ihr Geschirr normalerweise in eine mit Wasser und einem Spülmittelzusatz gefüllte Spülschüssel oder ein entsprechend gefülltes Becken tauchen und das Geschirr darin waschen, ist dieser Hinweis keine Selbstverständlichkeit. In anderen Kulturen, z.B. der türkischen, ist die deutsche Spülmethode jedoch unüblich; ein bloßes Eintauchen und Waschen in nicht-fließendem Wasser ist in der türkischen Kultur keine Reinigung. Auch ein Bad wird in der türkischen Kultur – im Gegensatz zur deutschen – nicht als Reinigung angesehen, wenn das Badewasser dabei nicht abfließt und keinen permanenten Zufluss hat. Daher ist es in einer türkischen Anleitung überflüssig, den Hinweis zu geben, dass die Kanne unter fließendem Wasser zu reinigen ist. Allenfalls ist hier darauf hinzuweisen, dass die Kanne nicht in Wasser eingetaucht werden darf. Reinigen bedeutet für die türkische Kultur jedenfalls „waschen unter fließendem Wasser". Wenn in der Anleitung nicht ausdrücklich eine andere Reinigungsart gefordert wird, reinigt der türkische Leser die Kanne daher ohnehin unter fließendem Wasser. Hier handelt es sich um ein weiteres Beispiel dafür, dass sich die Lokalisierung nicht auf einen Sprachtransfer beschränken darf, sondern auch den entsprechenden Kulturtransfer einschließen muss (Göpferich 1998: 322).

3) Anpassung an kulturspezifische juristische Gegebenheiten

Unterschiedliche Rechtssysteme z.B. im Bereich der Produkthaftung oder Unterschiede in den Verpflichtungen, die ein Hersteller in verschiedenen Ländern eingeht, können zur Folge haben, dass nicht nur inhaltliche Änderungen an der Dokumentation erforderlich werden, sondern sogar die Produkte selbst verändert werden müssen. Dies gilt insbesondere für den Bereich der Produktsicherheit, beispielsweise bei konstruktiven Maßnahmen, Schutzvorrichtungen und Sicherheitshinweisen (Göpferich 1998: 322).

In dem untersuchten türkischen Textmaterial ist beispielsweise festzustellen, dass in allen Gebrauchsanleitungen neben den internationalen Rechtsvorschriften zusätzlich die Angabe „EEE Yönetmeliğine Uygundur." [Das Gerät entspricht den EEE Richtlinien] zu verzeichnen ist. Diese Angabe wird seit 2009 als Vorschrift auf allen elektronischen Geräten niedergeschrieben. Die Abkürzung EEE steht für „Elektrik ve Elektronik Eşya" [Elektrische und elektronische Geräte].

4) Anpassung von Produkten

Häufig muss vor der Anpassung der Produktdokumentation an eine andere Kultur zunächst einmal das Produkt selbst adaptiert werden. So werden Automobile in Großbritannien mit Rechtslenkung ausgeliefert und in Deutschland, der Türkei und anderen Ländern mit Linkslenkung, was dann beispielsweise auch Abbildungsänderungen in der Dokumentation nach sich zieht (Göpferich 1998: 322ff.).

Als die Fast-Food-Kette McDonald's beschloss, ihren Absatzmarkt auf Indien auszuweiten, war eine Anpassung ihrer ‚Speisekarte' erforderlich. Der Renner Big Mac, der eine Rindfleischeinlage aufweist, wäre in Indien sicherlich kein Erfolg gewesen, da viele Inder Vegetarier sind. Daher erhält man in Indien, wenn man einen Big Mac bestellt, einen vegetarischen Hamburger (Hoft 1995:14).

So ist beispielsweise für einen deutschen Exporteuer von Sitztoiletten wichtig, dass er seine Produkte, die er in die Türkei oder in andere arabische Länder exportiert, ein sog. Dusch-WC montiert bzw. einen Hohlraum für die Düse der Dusch-WC offenläßt.[8] Andernfalls ist es nicht möglich, die Sitztoiletten auf dem türkischen Markt zu verkaufen. Diese Dusch-WC sind allerdings nur in den sog. „alafranga tuvalet" zu sehen. Im Türkischen wird dieses Dusch-WC als „taharat musluğu" bezeichnet.

Kulturelle Anpassungen am Produkt selbst werden bei Produkten aus dem EDV-Bereich, insbesondere bei Software, erforderlich. Textverarbeitungsprogramme und Drucker für den internationalen Markt müssen z.B. die Verwendung unterschiedlicher Standardpapierformate erlauben. Das Standardpapierformat in Deutschland und in der Türkei ist DIN A4; in den USA wird üblicherweise Papier im letter-size-Format verwendet, das im Vergleich zu DIN A4 kürzer und breiter ist (Göpferich 1998: 322).

4.a) Kulturspezifische Papierformate

Standardpapierformate in USA:	US letter (8,5 x 11 inches/216x279mm)
Standardpapierformate in Deutschland:	DINA4 (210 x 297 mm)
Standardpapierformate in der Türkei:	DINA4 (210 x 297 mm)

Tab. 9: Kulturspezifische Papierformate

4.b) Kulturspezifische Zeit- und Datumsangaben

Auch bei der Datumsangabe bestehen interkulturelle Unterschiede. In Deutschland und in der Türkei gibt man in der Regel zunächst den Tag, dann den Monat und dann das Jahr, jeweils getrennt durch einen Punkt, an, in den USA gibt die erste Zahl oftmals den Monat und die zweite Zahl den Tag an, als Trennzeichen erscheint häufig ein Schrägstrich. Diese Unterschiede erfordern z.B. Anpassungen in Datumseingabefeldern von Datenbanken. In der amerikanischen Version einer solchen Datenbank müssen die ersten beiden Ziffern in einem Datumsfeld

[8] http://de.wikipedia.org/wiki/Toilette

für den Monat reserviert werden; folglich müssen hier Zahlen über 12 bei der Eingabe abgewiesen werden. In der deutschen und türkischen Version einer solchen Datenbank, in der die beiden ersten Ziffern für den Tag reserviert werden müssen, muss eine Eingabe von Zahlen bis 31 möglich sein (ebd.: 324).

Deutschland	**Frankreich**	**USA**	**Türkei**
Tag/Monat/Jahr	Tag/Monat/Jahr	Monat/Tag/Jahr	Tag/Monat/Jahr
17.03.1965	17.03.1965	03/17/65	17.03.1965
14.15 Uhr	14h15 oder 14H15 oder 14:15	2:15 P.M.	Saat 14:15

Tab. 10: Kulturspezifische Zeit- und Datumsangaben

Die Einführung der westlichen Zeit- und Datumsangaben in der Türkei liegt knapp 90 Jahre zurück. Damals kam es im Rahmen der sozialen Reformen zu Änderung von Kalender-, Zeit- und Maßeinheiten. Zur Zeit des Osmanischen Reiches wurden andere Zeit-, Kalender- und Maßeinheiten verwendet als die in den europäischen Ländern üblichen. Diese Sachlage erschwerte die Beziehungen zwischen den Osmanen und Europa auf unterschiedlichen Ebenen; es kam zu wirren sozialen, wirtschaftlichen und amtlichen Verhältnissen. Zu Beginn der Türkischen Republik versuchte man dieses Durcheinander durch unterschiedliche Anordnungen zu beseitigen. Mit dem Gesetz vom 26. Dezember 1925 begann man zunächst, die zu jener Zeit verwendeten Hidschri[9] und Rumi-Kalender[10] durch den heute weltweit angewendeten Gregorianischen Kalender zu ersetzen. Der neue Kalender wurde zum 1. Januar 1926 eingeführt. Neben der

9 *Hidschri-Kalender* (türk. *Hicri Takvimi*) ist die Bezeichnung für den islamischen Kalender, der vorwiegend für religiöse Zwecke verwendet wird. Der islamische Kalender rechnet nach Mondmonaten und Mondjahren; er ist ein reiner Mondkalender. Die Jahre werden seit dem Jahr der Hidschra gezählt. Die islamische Zeitrechnung beginnt mit dem 1. Muharram (16. Juli 622), dem Beginn des von der islamischen Tradition festgelegten Jahres des Hidschra, der Auswanderung des Propheten Mohammed nach Mekka.

10 *Rumi-Kalender* (türk. *Rumi Takvimi*) ist ein auf dem Julianischen Kalender basierender, mit der Hidschra, der Auswanderung Mohammeds von Mekka nach Medina im Jahr 622, beginnender Solarkalender, der von 1840 bis 1926 im Osmanischen Reich sowie der Türkischen Republik gültig war.

Änderung des Kalenders wurde auch das gewohnte Zeitsystem „alaturka", welches sich nach dem Standpunkt der Sonne richtet, durch die moderne Zeiteinheit ersetzt, und der Tag nach dem Zeitsystem des Westens in 24 Stunden eingeteilt (Acun 2009: 340).

4.c) Kulturspezifische Zahlenangaben (Kardinal- und Ordinalzahlen)

Auch in der Kennzeichnung von Dezimalstellen und Nachkommastellen bestehen zwischen dem deutschen und dem anglo-amerikanischen Kulturraum Unterschiede. Nachkommastellen werden in Deutschland und in der Türkei, wie schon die Benennung „Nach-komma-stelle" deutlich macht, durch ein Komma von der ganzen Zahl getrennt. Dezimalstellen werden durch einen Punkt angezeigt. Im anglo-amerikanischen Raum ist es genau umgekehrt: Hier trennt ein Punkt die „Nach-komma-stellen" ab; ein Komma zeigt die Dezimalgliederung an (Göpferich 1998: 324).

Deutschland	**Frankreich**	**USA**	**Türkei**
1.715,97	1 715,97	1,715.97	2.345,75
1.,2.,3.	1er, 2ème, 3ème	1st, 2nd, 3rd	1.,2.,3.

Tab. 11: Kulturspezifische Zahlenangaben

Weitere Anpassungen sind bei Maßeinheiten und Währungsangaben nötig, die in vielen Fällen umgerechnet werden müssen. Distanzen zwischen Orten werden z.B. im anglo-amerikanischen Raum üblicherweise in Meilen angegeben, in Deutschland und in der Türkei jedoch in Kilometern (ebd.).

1928 wurden in der Türkei die internationalen Ziffern übernommen. Durch ein Gesetz vom 1931 wurden die alten Maß- und Gewichtseinheiten geändert. Die althergebrachten Maßeinheiten wie *ell, elle* und *okka*, die zur Zeit der Osmanen verwendet wurden, wurden abgeschafft. Stattdessen wurde für Längenmaße „Meter", für Gewichteinheiten „Kilogramm" eingeführt. Mit den Änderungen der Maß- und Gewichteinheiten setzte man im ganzen Land eine neue Maßordnung durch. Durch diese wichtigen Änderungen wurden die sozialen, wirtschaftlichen und kulturellen Beziehungen mit Europa vereinfacht (Acun 2009: 339).

5) Einbindung des kulturspezifischen Produktumfelds

Häufig erscheinen in der technischen Dokumentation eines Produktes Empfehlungen solcher Produkte, mit denen es zusammen betrieben werden sollte. So werden z.B. für batteriebetriebene Geräte bestimmte Batterie-Marken empfohlen oder für Kraftfahrzeuge bestimmte Ölmarken. Bei der Lokalisierung von Produkten für andere Absatzmärkte muss festgestellt werden, ob die entsprechenden Marken in den Absatzmärkten überhaupt erhältlich sind und ob die Vereinbarungen zwischen einem Produkthersteller und demjenigen eines anderen Produkts, das in einer Anleitung empfohlen wird, auch für diese anderen Absatzmärkte gelten. Gegebenenfalls müssen die Produktempfehlungen dann durch die Empfehlung von anderen, auf dem jeweiligen Absatzmarkt erhältlichen Produkte ersetzt oder ganz gestrichen werden (Göpferich 1998: 325). So hat es z.B. wenig Sinn, in der Dokumentation eines deutschen Automobilherstellers zu erwähnen, dass die Autofahrer bei *OPET* tanken sollten, da diese Tankstellenkette in Deutschland nicht vertreten ist.

1.4.2 Internationalisierung

Von *Internationalisierung* spricht man, wenn Produkte und ihre Dokumentation möglichst „kulturneutral“ gestaltet bzw. formuliert werden, um das bei der späteren Anpassung an einen bestimmten Absatzmarkt erforderliche Maß an sprachlicher und kultureller Adaptation so gering wie möglich zu halten. Vor allem im Software-Bereich ist es hierzu nötig, das Produkt in einen sprach- und kulturunabhängigen Kern und in sprach- und kulturspezifische Produktvariablen zu gliedern, auf die die später erforderlichen Anpassungen begrenzt werden können (Göpferich 1998: 286).

> „Zur *Internationalisierung* ist es erforderlich, alle Komponenten eines Produkts zu extrahieren, die von der Sprache, dem Land oder der Region sowie der Kultur abhängig sind. Mit anderen Worten: Internationalisierung bezeichnet die Entwicklung eines Produkts, dessen Funktionsdesign sich nicht nur auf ein einziges Gebietsschema bezieht und die Erstellung unterschiedlicher lokaler Versionen vereinfacht“ (Henes 2002: 20).

Die Anpassung an den jeweiligen Markt geschieht dann nur in einem relativ geringen Umfang.

1.4.2.1 Internationalisierung und Übersetzen

Während Lokalisierung von Dokumenten, Beschriftungen u.dgl., wie oben dargelegt, für die Übersetzungsausbildung nichts Neues sind, wird die Internationalisierung von Dokumenten in der Ausbildung noch vernachlässigt. Das Ziel bei der Internationalisierung von Dokumenten ist, dass diese Texte von einem multikulturellen Publikum, also vor allem auch von *non-native speakers,* direkt möglichst gut verstanden werden, oder aber, dass der Aufwand, den die anschließende Lokalisierung dieser Produkte und Dokumente erfordert, möglichst gering ist, oder beides zugleich. Darüber hinaus kann die Reduktion des Lokalisierungsaufwandes auf ein Minimum auch mit dem zusätzlichen Ziel erfolgen, einen Text zu erhalten, der sich optimal für die Übersetzung mit einem Translation-Memory-Programm oder einem maschinellen Übersetzungssystem eignet. Voraussetzungen hierfür sind u.a. Konsistenz in der Terminologie und den Formulierungen, wobei die Verwendung einer kontrollierten Sprache von Vorteil ist (Göpferich 2006: 338f.).

Auf die verschiedenen Internationalisierungsmaßnahmen wird nachfolgend im Einzelnen eingegangen. Grob lassen sie sich in zwei Typen einteilen:

a) die Internationalisierung bei der Textneuproduktion und
b) die Internationalisierung eines bereits mehr oder weniger stark kulturell geprägten Textes, der „dekulturalisiert“ wird – wobei eine völlige „Entkulturalisierung“ niemals möglich sein dürfte – um so eine Ausgangsbasis für die Übersetzung in andere Sprachen zu erhalten (ebd.: 339).

Für beide Varianten der Internationalisierung ist kulturelle Kompetenz erforderlich, wie sie primär in Übersetzungsstudiengängen vermittelt wird. Folglich sollte auch die Fähigkeit zum Internationalisieren in Übersetzungsstudiengängen vermittelt werden, was derzeit jedoch noch kaum geschieht.

Welche Inhalte im Rahmen von Internationalisierungsveranstaltungen gelehrt werden sollten, geht aus den im Folgenden behandelten Internationalisierungsmaßnahmen hervor.

1.4.2.2 Internationalisierungsmaßnahmen

Göpferich (1998: 286f.) spricht von der Gliederung in einen sprach- und kulturunabhängigen Kern sowie sprach- und kulturspezifische Produktvariablen und sieht als Hauptinstrumente des Internationalisierungsprozesses nonverbale Informationsträger, den Gebrauch der kontrollierten Sprachen sowie einige Leitlinien für die Internationalisierung von Dokumenten als wichtigste Internationalisierungsmaßnahmen:

a) Verwendung nonverbaler Informationsträger

Eine Möglichkeit, das erforderliche Maß an sprachlichen und kulturellen Anpassungen gering zu halten, besteht in der Verwendung von nonverbalen Informationsträgern anstelle von verbal vermittelten Informationen mit dem Ziel, den späteren Übersetzungsaufwand zu reduzieren (mit Forschungen Kalverkämper 1993, 1998, 2003, 2004). Auch bei nonverbalen Informationsträgern ist jedoch zu beachten, dass sie nicht in allen Kulturkreisen auf dieselbe Art interpretiert werden. Die Information kann durch den Einsatz von Bildern übermittelt werden. Erinnert sei hier an die Montageanleitungen bei IKEA. Speziell bei logischen und analytischen Bildern sind der Grad der Ausprägung der piktoralen Literalität und unterschiedliche Deutungsmuster der Rezipienten in Betracht zu ziehen. Besonderes Augenmerk muss in Abbildungen Gesten gelten, da deren Bedeutung von Kultur zu Kultur verschieden sein kann.[11]

b) Verwendung kontrollierter Sprachen

Eine weitere Möglichkeit, den späteren Lokalisierungsaufwand zu verringern, besteht in der Verwendung sog. kontrollierter Sprachen, wie z.B. dem *Simplified English* (SE) der AECMA (Association Européenne des Constructeurs de Matériel Aérospatial), das seit 1986 international für die technische Dokumentation in der Luft- und Raumfahrtindustrie verwendet wird (Lehrndorfer 1995: 123) und derzeit das wohl bekannteste Beispiel für eine kontrollierte Sprache ist (Lehrndorfer 1996: 41). Kontrollierte Sprachen sind keine Kunst-

[11] Die vorliegende Studie konzentriert sich auf die **VERBALEN Informationsträger** und schließt die Analyse der hier in dieser Kategorie behandelten Aspekte ausdrücklich aus; sie müssen einem späteren Projekt vorbehalten werden.

sprachen wie z.B. das Esperanto, sondern Subsysteme natürlicher Sprachen. Es handelt sich also um Teilmengen natürlicher Sprachen, deren Besonderheit darin besteht, über ein begrenztes Vokabular und nur wenige definierte grammatische Regeln zu verfügen. Diese Sprachen haben mehrere Vorteile (Göpferich 1998: 288):

1. Sie lassen weniger Spielraum für Mehrdeutigkeiten und bereiten dadurch ihren Rezipienten, aber vor allem auch Humanübersetzern und maschinellen Übersetzungssystemen weniger Verstehens- bzw. Analyseschwierigkeiten.
2. Durch ihr beschränktes Wort- und Regelinventar sind sie als ‚Fremdsprache' leichter erlernbar und von maschinellen Übersetzungssystemen leichter handhabbar.
3. Die Maschinenübersetzung wiederum hat den Vorteil, dass sie, wenn zunächst einmal die entsprechenden terminologischen Bestände in die maschinenlesbare Datenbank des Systems eingegeben wurden, im Vergleich zur Humanübersetzung schneller vonstatten geht und bei großem Übersetzungsvolumen – selbst mit einer Nachbearbeitung (Post-Editing) durch einen Humanübersetzer – kostengünstiger ist.

Als Vorläufer dieser kontrollierten Sprachen kann die vereinfachte Form des (gesprochenen) Englisch, das *BASIC-English* (*British*, *American*, *Scientific*, *International*, *Commercial*) angesehen werden, um die Wirtschafts- und Behördenkommunikation in den englischen Kolonien zu verbessern (vgl. Lehrndorfer 1996: 42). Viele Großkonzerne (z.B. Rank Xerox, SAP, Eastman-Kodak, IBM, Digital, ITT, Ericsson), aber auch das amerikanische Verteidigungsministerium verwenden heute Formen von mehr oder weniger kontrollierten Sprachen (ebd.: 286f.).

Die Formulierungsregeln, also die grammatischen Vorgaben, für das *Simplified English* lauten im Wesentlichen wie folgt (Lehrndorfer 1995: 125):

- Keine langen Sätze verwenden.
- Handlungsanweisungen in Sätzen mit maximal 20 Wörtern geben.
- In Beschreibungen und anderen Aussageformen darf durchschnittlich einer von zehn Sätzen bis zu 25 Wörter lang sein.
- Nur eine Aussage pro Satz machen.
- Vollständige Sätze konstruieren.
- Zur Erteilung von Instruktionen den Imperativ verwenden.
- Pro Absatz maximal sechs Sätze verwenden.
- Bei Handlungsbeschreibungen immer aktive Verben verwenden.
- Als Zeitformen sind zugelassen: Present Tense, Past Tense und Simple Future .

Göpferich (1998: 291) nennt neben den oben erwähnten zwei Hauptinstrumenten einige Leitlinien, die sozusagen als Maßnahmen bei der Gestaltung von technischen Texten eingesetzt werden, um beim Verfassen eine „kulturneutrale" Ausdrucksweise zu erreichen:

c) Leitlinien für die Internationalisierung von Dokumenten

Bei der Gestaltung von Dokumenten, die für ein internationales Publikum bestimmt sind, wie z.B. technische Dokumentation, empfiehlt es sich außerdem, die folgenden Punkte zu berücksichtigen (s. hierzu: Göpferich 1998: 291f.):

1) Die Dokumente sollten in Englisch als *lingua franca* erstellt werden, besser noch, wie oben betont, in einem kontrollierten Englisch. Viele Großfirmen, darunter auch die beiden Firmen, deren Gebrauchsanleitungen hier als Materialgrundlage dienen, benutzen, selbst wenn es sich um deutsche Unternehmen handelt, Englisch als Kommunikationssprache, so z.B. die Firmen Bosch, Siemens sowie Hugo Boss und viele weitere (ebd.).

2) Es sollten Slang, Modewörter, Abkürzungen (z.B. BBQ für *barbecue* oder Xing für *crossing*) und Kontraktionen (wie *can't*, *isn't* und *it's*) vermieden werden, da diese unnötige Verstehensbarrieren für Menschen darstellen können, die weniger vertraut mit der englischen Sprache sind. Die Regel ist hier der

Gebrauch des *Simplified English*, das ebenso ohne allzu große Kulturkenntnisse des Landes beherrscht werden kann (ebd.).

3) Falls Übersetzungen von einem Dokument oder Teilen eines Dokuments angefertigt werden sollen, sollte schon beim Layout berücksichtigt werden, dass die Übersetzung mehr oder ggf. auch weniger Platz beanspruchen kann als das Original. Bei der Übersetzung aus dem Deutschen ins Türkische können Textverkürzungen vorkommen, da es sich beim Türkischen um eine agglutinierende Sprache handelt und die Wörter meist durch Anhäufungen von Suffixen gebildet werden. Bei Übersetzungen aus dem Türkischen ins Deutsche kann es umgekehrt zu Textverlängerungen kommen (ebd.: 292).

4) Bei der Angabe von Telefonnummern sollten der internationalen Ländercode und die Vorwahl mit angegeben werden. Vor dem Ländercode steht konventionellerweise ein +. In Verbindung mit dem internationalen Ländercode muss die erste 0 der Vorwahl beim Wählen weggelassen werden. Man gibt sie entweder nicht mit an oder setzt sie in Klammern (ebd.).

Rufnummer in Deutschland:	+49-(0)331-7023800 oder +49 3317023800 (49 = Ländercode Deutschland)
Rufnummer in der Türkei:	+90-(0)232 311 2994 oder +90 232 311 2994 (90= Ländercode Türkei)

Tab. 12: Rufnummer – International

5) Es empfiehlt sich des Weiteren, bei einer Datumsangabe den Monat auszuschreiben. So vermeidet man Verwechslungen zwischen Tag und Monat, die dadurch entstehen, dass in manchen Ländern zuerst der Tag und dann der Monat angegeben wird, die Reihenfolge in anderen Ländern (z.B. den USA) jedoch umgekehrt ist (ebd.):

Datumsangaben in den USA: 11/22/2012
Datumsangaben in Deutschland: 22.11.2012
Datumsangaben in der Türkei: 22.11.2012

Tab. 13: Datumsangaben – International

6) Die Uhrzeiten sollten im 24-Stunden-Format angegeben werden, bezogen auf die Londoner Ortszeit (UTC = Universal Time Coordinated), also z.B. 23:12 UTC (ebd.):

Uhrzeitangaben in den USA: 3:45 P.M.
Uhrzeitangaben in Frankreich: 15h45 oder 15H45
Uhrzeitangaben in Deutschland: 15.45 Uhr
Uhrzeitangaben in der Türkei: Saat 15:45

Tab. 14: Uhrzeitangaben – International

7) Längenmaße sollten im metrischen System geschrieben werden (ebd.):

Maßangaben in den USA: 3 mile
Maßangaben in Deutschland: 3 km
Maßangaben in der Türkei: 3 km

Tab. 15: Maßangaben – International

8) Bei Geldbeträgen sollten immer die Währung genau angegeben werden, also z.B. bei US-Dollar nicht nur $ 24, sondern $ 24 USD (ebd.: 293):

Währungsangaben in den USA: $ 24 USD.
Währungsangaben in Deutschland: 24 €
Währungsangaben in der Türkei: 24 TL

Tab. 16: Währungsangaben – International

9) Man sollte bei Formularen für Adressangaben beachten, dass es hier länderspezifische Konventionen gibt. Aus diesem Grund sollte man in den Formularen ausreichend große Felder vorsehen, und die Beschriftungen sollten mit Benennungen erfolgen, die kulturübergreifend zutreffen, also z.B. nicht ZIP-Code, sondern Postal Code, da ZIP-Code US-spezifisch ist. Sehen Sie auch ein Feld für das Land vor (ebd.). Selbstverständlich ist bei der Adressenangabe auch die Reihenfolge wichtig. Bei dem vorliegenden Korpus ist die folgende Reihenfolge zu vermitteln:

Name :__________________________
Organisation :____________________
Straße :__________________________
Postleitzahl – Stadt :________________
Land :___________________________

Tab. 17: Adressenangaben – International

10) Es sollten keine Formulierungen, die auf Geschlechtsmerkmale der Rezipienten hindeuten, verwendet werden, um sich ausdrücklich sowohl auf Männer als auch auf Frauen zu beziehen. Hierdurch würden manche Leser, bei deren Ansprache keine geschlechtlichen Unterscheidungen vorkommen, verwirrt. Solche Formulierungen lassen sich häufig durch die Verwendung von Pluralformen vermeiden (ebd.):

Im Türkischen
Sevgili Okuyucular [Liebe LeserInnen]
Sayın Kullanıcılar [Sehr geehrte BenutzerInnen]
Değerli Müşteriler [Hochgeschätzte Kunden]

Tab. 18: Adressatenansprache – Türkisch

2 Gebrauchsanleitungen als Fachtextsortenkonventionen

2.1 Universalität oder Kulturgebundenheit von Textsortenkonventionen

Als Grundlage für die empirische Analyse soll in diesem Kapitel ein Überblick über die Textsortenkonventionen, insbesondere über die Textsortenkonventionen des Fachgebiets der *Mensch/Technik Interaktionsorientierten Texte* vorgestellt werden. Anschließend rückt vor dem Hintergrund der in dieser Arbeit behandelten Themenstellung die Textsorte der Gebrauchsanleitungen in den Vordergrund. Die Gebrauchsanleitungen werden in ihrer Funktion und ihrem Inhaltsspektrum näher betrachtet.
Zunächst soll die Erörterung der Kontroverse, ob Textsortencharakteristika als universell (Widdowson 1979) oder aber als kulturgebunden (vgl. Göpferich 1995: 6) zu betrachten sind, kritisch beleuchtet werden.
In der Forschung wurde die Polemik, ob wissenschaftliche Diskursmuster universell oder aber kulturspezifisch sind, bereits verschiedentlich ausgetragen. Die zwei extremen Ansichten zu dieser offenen Frage sind zum einen die Position Widdowsons (1979) mit der Hypothese von der Universalität des wissenschaftlichen Diskurses und zum anderen die Position Galtungs (1983). Widdowson (1979: 51) ist der Ansicht, dass wissenschaftliche Diskursmuster einem sekundären kulturellen System angehören, das von den primären kulturellen Systemen der Sprachgemeinschaften unabhängig ist:

> I assume that the concepts and procedures of scientific inquiry constitute a secondary cultural system which is independent of primary cultural systems associated with different societies. So although for example, a Japanese, and a Frenchman, have very different ways of life, beliefs, preconceptions, and so on deriving from the primary cultures of the societies they are members of, as scientists they have a common culture. In the same way, I take it that the discourse conventions which are used to communicate this common culture are independent of the particular linguistic means which are used to realize them.

Widdowson (1979: 61) zufolge gibt es eine universelle Art, sich wissenschaftlich zu verständigen. Der wissenschaftliche Diskurs werde von rhetorischen Prinzipien determiniert, die von der jeweiligen Sprachgemeinschaft unabhängig sind:

> Scientific exposition is structured according to certain patterns of rhetorical organization which, with some tolerance for individual stylistic variation, imposes a conformity on members of the scientific community no matter what language they happen to use.

Ernsthaft entgegengesetzt werden können Widdowsons Universalitätshypothese jedoch insbesondere Untersuchungen Galtungs zur kulturellen Stildifferenzierung von Kaplan (1980). Die jeweiligen „Stile“ werden (vgl. Göpferich 1995: 448f.) durch die Sozialisation vermittelt und sind Teil der Kultur der jeweiligen Sprachgemeinschaft.

Im Sinne von Galtung (1983) und Kaplan (1980) spricht man bei Fachtextsorten von einer eigenen Kulturgebundenheit, demnach tauchen stets kulturspezifische Stile auf, die allerdings von Textsorte zu Textsorte bzw. Fachtexttyp zu Fachtexttypvariante abweichen können (vgl. Göpferich 1995: 448f.).

Ferner ist hervorzuheben, dass Textsorten in zwei oder mehr Sprachen jeweils nur im Hinblick auf bestimmte Kriterien interkulturelle Unterschiede aufweisen, im Hinblick auf andere jedoch Übereinstimmungen zeigen. Was die Frage der Kulturgebundenheit betrifft, gelangt Göpferich zu wesentlich differenzierteren Resultaten als etwa Widdowson (1979): Göpferich (1995) und Oldenburg (1992) beispielsweise behaupten, dass es Fachgebiete wie etwa die Naturwissenschaften gibt, die von den primären kulturellen Systemen der Sprachgemeinschaften weniger beeinflusst werden als andere. Göpferich widerspricht jedoch Oldenburg, wenn er meint, dass Texte aus den Naturwissenschaften generell ein geringeres Maß an Kulturgebundenheit aufweisen als solche aus Bereichen wie den Gesellschaftswissenschaften (1992: 35 f.). Göpferich stellt dagegen fest, dass es sowohl in den Gesellschaftswissenschaften als auch in den Naturwissenschaften Sachverhalte gibt, die vom jeweiligen primären kulturellen System abhängig sind, und solche, die es nicht sind. In den Naturwissenschaften denke man hier nur, wie oben erwähnt, an die unterschiedlichen Maßsysteme, deren Wahl vom primären kulturellen System abhängt. Zahlreiche weitere Beispiele liefert Schmitt (1999). Solche Differenzen besagen gleichzeitig, dass die Kulturgebundenheit nicht primär vom Fachgebiet, dem der Text angehört, abhängt, sondern vom jeweiligen Bezugsobjekt, wobei ein und dasselbe Bezugsobjekt Gegenstand von Texten der unterschiedlichsten Fachgebiete sein kann.

An dieser Stelle gewinnt der Terminus *Konvention* an Bedeutung, da nun zu fragen ist, ob die Kulturgebundenheit von Textsorten, von der bei Oldenburg, Kaplan, Galtung und nicht zuletzt bei Göpferich die Rede ist, auf bestimmten kulturellen oder textuellen Konventionen basieren.

2.1.1 Konventionen

Der Begriff der *Konvention* (lat. *conventio*) wird im Brockhaus als *1) Regel des sozialen Umgangs, Verhaltensmuster* oder *2) zwischenstaatliche Vereinbarung* beschrieben (2006: 420). Konventionen sind nach Mauritz (1996: 47) „Normen, die eine kollektive Bewertung von Verhalten (im Sinne von was sein sollte oder nicht sein sollte), aber keine Sanktionen nicht-konformen Verhaltens beinhalten".

Der wesentliche Unterschied zwischen dem Begriff der Konvention einerseits und verwandten Begriffen wie Norm, Gesetz, Vorschrift usw. andererseits besteht darin, dass Konventionen im Gegensatz zu letzteren nicht von einer höheren Instanz festgelegt werden, sondern sich unter gleichgestellten Partnern herausbilden. Sie sind in der Regel nicht schriftlich fixiert, sondern können als stillschweigende, ungeschriebene Regeln, als *unwritten rules* betrachtet werden (Lewis 1969: 100). Der Zeitpunkt ihres Inkrafttretens kann nicht auf ein bestimmtes Datum fixiert werden, da sie sich in einem historischen Prozeß allmählich verfestigen. Ferner sind Konventionen nicht starr (Reiss/Vermeer 1984: 178f.) und werden auch nicht ab einem bestimmbaren Zeitpunkt durch andere ersetzt, sondern unterliegen einem ständigen und allmählich vonstatten gehenden Anpassungsprozeß an die Koordinationsprobleme, die sie lösen.

Nach Lewis' Definition könne nur dann von einer *Konvention* gesprochen werden, wenn nahezu alle Partner der gleichen Verhaltensregularität folgen; seines Erachtens reiche es jedoch aus, wenn ähnliche, miteinander zu vereinbarende Verhaltensregularitäten eingehalten werden. Auch Schnelle will eine

Konvention nicht als feste Verhaltensregularität ohne Varianten verstanden wissen, sondern als Bereich von möglichen ‚benachbarten' Verhaltensregularitäten (1973: 299f.).

> „Dadurch [...], dass gelegentlich Menschen einer Sprachgemeinschaft, die gewisse Sondersprachformen beherrschen und partiell in ihr konventionelles Verhalten in gängigen Verständigungsbereichen einfließen lassen, erhöhtes Sprachprestige zugebilligt erhalten, d.h. in einem hohen Grade „zählen", können sie Faktoren der Beurteilung von Konventionen werden für diejenigen, die in gängigen Verständigungsbereichen konventionell handeln, d.h., sie können zum Anlass von Veränderungen von Konventionen werden" (1973: 303).

In dem Punkt, dass Personen mit erhöhtem Sprachprestige zur Veränderung von Konventionen beitragen können, kann man Schnelle durchaus zustimmen.
Um eine Verhaltensregularität als Konvention bezeichnen zu können, muss es nach Lewis zu dieser Verhaltensregularität mögliche alternative Verhaltensweisen geben (1969: 70), von denen jede das Koordinationsproblem gleich gut lösen würde, wenn nahezu alle in die Situation Involvierten die gleiche davon wählten. Eine Verhaltensregularität ohne derartige Alternativen kann nach Lewis keine Konvention sein, da sie für die Situation, in der sie zur Anwendung kommt, die einzig rational richtige Handlungsweise darstellt. Eine stillschweigende Koordination der Handlungen der an der Situation beteiligten Partner ist in einem solchen Fall nicht mehr erforderlich; jeder, der logisch denkt, kann sich in der Situation optimal verhalten, ohne das Verhalten der anderen antizipieren zu müssen (Lewis 1969: 73f.). Daraus lässt sich schließen, dass sich nur solche Verhaltensregularitäten zu Konventionen entwickeln können, die in der entsprechenden Situation im Vergleich zu anderen Verhaltensregularitäten besonders zweckmäßig erscheinen.
Aus Lewis' Definition des Konventionsbegriffs lassen sich zugleich die Entstehungsbedingungen für Konventionen ableiten. Konventionen entstehen genau dann, wenn Situationen vorliegen:

a) in die mehrere Personen wiederholt involviert sind;
b) in denen die Personen eine Intention verfolgen, die nur realisiert werden kann, wenn sich nahezu alle in bestimmter Weise verhalten.

Solche Situationen stellen Koordinationsprobleme dar, d.h., das Verhalten der Personen muss zu irgendeinem Zweck aufeinander abgestimmt und koordiniert werden. Dass die Handlungen der in solche Situationen Involvierten aufeinander abgestimmt sind, ist deswegen erstrebenswert, weil nur abgestimmtes und damit vorhersehbares Verhalten Signalfunktion haben kann, d.h. – bezogen auf das Sprachverhalten – in der Terminologie von Reiss/Vermeer als Erkennungssignal, Auslöser von Erwartungshaltungen und Steuerungssignal für das Verstehen fungieren kann (1984: 188f.). In diesem Sinne lenken konventionelle Signale die Kommunikation in feste Bahnen und erleichtern damit u.a. das Verstehen. Konventionen sind also immer zweckgerichtet.

Nachdem der Konventionsbegriff generell geklärt wurde, soll nun eine spezifische Gruppe von Konventionen näher betrachtet werden: die sog. Textsortenkonventionen, die es erlauben, die Menge aller Texte in Textsorten einzuteilen.

2.1.2 Textsortenkonventionen

In der Diskussion zum Textbegriff ist man bei weitem noch nicht zu einer allgemein akzeptierten Definition vorgedrungen (Brinker 2005; Reiss 1983; Heinemann/Viehweger 1991; Adamzik 2004; Vater 2001; de Beaugrande/ Dressler 1981). Dies verwundert insofern nicht, als die Ergebnisse der Versuche, diesen Begriff zu definieren, ebenso vielfältig und verschieden sind wie die Versuche zahlreich. Es würde daher den Rahmen dieser Arbeit sprengen, wenn auch nur annäherungsweise versucht würde, einen Überblick über die unterschiedlichen Textbegriffe und ihre jeweiligen Vor- und Nachteile zu geben. Im Sinne von Hartmann und Isenberg soll als Text „das originäre sprachliche Zeichen“ (Hartmann 1971: 10) und „die primäre Organisationsform, in der sich menschliche Sprache in der Gesellschaft manifestiert“ (Isenberg 1977: 144) bezeichnet werden (vgl. Kalverkämper 1981):

> Wenn Menschen überhaupt sprachlich kommunizieren, so kommunizieren (sprechen/schreiben) sie in Form von Texten. Mit anderen Worten: Der ‚Text‘ ist die Einheit, in der sich die sprachliche Kommunikation organisiert. (Hartmann 1971: 15)

Das bedeutet, dass die sprachliche Gestaltung eines Textes determiniert wird durch seine kommunikative Funktion, ohne die sich, wie Oomen (1972: 19) feststellt, kein Text ergibt.

Unterscheidet man wie Schmidt zwischen einer Textlinguistik, die „beim Text als primärem sprachlichen Zeichen haltmacht, also innerhalb sprachsystematischer Forschung verbleibt“ (1972: 10), und einer Texttheorie, die vom Text „als funktionierendem Faktor in kommunikativen Handlungsspielen [...], also vom Text in kommunikativer Funktion ausgeht“, so basiert die vorliegende Untersuchung auf einem texttheoretischen Ansatz im Sinne Schmidts (1972: 10). Denn der Text wird nicht als rein linguales Phänomen betrachtet und beschränkt sich nicht auf rein sprachliche Gebilde; vielmehr bezieht ein moderner Textbegriff darüber hinaus auch andere semiotische Systeme, z.B. bildliche Elemente mit ein.

Texte werden für die Zwecke dieser Arbeit als sprachliche oder sprachlich-bildliche Einheiten verstanden. Rein bildliche Einheiten, wie Piktogramme an Türen etwa in Krankenhäuser zur Kennzeichnung der Funktion des dahinter befindlichen Raumes oder Bilder als Illustrationen oder Ergänzungen von Verbaltext, wie es bei Gebrauchsanleitungen und vielen anderen Fachtextsorten vorkommt, sollen hier nicht mit einbezogen sein und könnten durchaus in einer ergänzenden Arbeit komplementär betrachtet werden.

Ein Text ist ein thematisch und/oder funktional orientierter, kohärenter sprachlicher oder sprachlich-figürlicher Komplex, der mit einer bestimmten Intention, der Kommunikationsabsicht, geschaffen wurde, eine erkennbare kommunikative Funktion ersten oder zweiten Ranges erfüllt und eine inhaltlich und funktional abgeschlossene Einheit bildet (Göpferich 1995: 45).

Für Brinker sind Textsorten „konventionell geltende Muster für komplexe sprachliche Handlungen“, die sich konstituieren durch „jeweils typische Verbindungen von kontextuellen, kommunikativ-funktionalen und strukturellen Merkmalen“ (2005: 144). Die Konventionalität ihrer Merkmale resultiert daraus, dass sich diese Muster zur Bewältigung wiederkehrender Kommunikationssituationen entwickelt, bewährt und etabliert haben. Diese Art der Standardisierung verleiht ihnen eine „normierende Wirkung“, die die Kommunikation in Standardsituationen entlastet, weil sie „den Kommunizierenden mehr oder

weniger feste Orientierungen für die Produktion und Rezeption von Texten" bietet (ebd.).
In Bezug auf Textsortenkonventionen bedeutet das, dass in den verschiedenen Textsorten solche Regularitäten zu Konventionen wurden bzw. werden, die optimal dazu beitragen, dass die jeweilige Textsorte ihre kommunikative Funktion erfüllt. Welche von mehreren möglichen gleichwertigen Verhaltensweisen zur Konvention wird, ist nach Lewis willkürlich (1969: 70), was durchaus plausibel erscheint, da es erklärt, warum die Textsortenkonventionen von Sprache zu Sprache verschieden ausfallen können.
Wie oben erwähnt, ist es bekannt, dass sich auch die Textgestaltung von Kultur zu Kultur unterscheiden kann. Hier sei z.B. erwähnt, dass das Verhältnis von Text und Bild und die Art der Bilder differieren können, dass vergleichbare Textsorten in zwei Kulturen Sachverhalte unterschiedlich explizit bzw. detailliert darstellen können, dass sie unterschiedliche Sprechakte präferieren können und dass sie Textteile unterschiedlich anordnen können. Auch bei der äußeren Gestaltung, z.B. Papierformat, Seitenausrichtung, Art der Bindung/ Lochung, typographische Merkmale, können manchmal frappierende Unterschiede beobachtet werden (Fleischmann 1999: 62).
Die Textsortenkonventionen haben den Zweck, die Textproduktion für wiederkehrende Kommunikationssituationen zu standardisieren. Dank der Konventionalisierung erleichtern Textsorten, vor allem im fachlichen Umfeld, die ökonomische Erfüllung bestimmter kommunikativer Bedürfnisse.
Darüber hinaus können sich Textsortenkonventionen im Laufe der Zeit ändern. Mögliche Ursachen für solche Veränderungen sind:

1) die gewandelte Einstellung einer Kultur zu einem Kommunikationsgegenstand

Als Beispiel führen Reiss/Vermeer z.B. die Todesanzeige an, in der heute im Gegensatz zu früher das Verb *sterben* nicht mehr unbedingt durch einen Euphemismus umschrieben werden muss, da die Verwendung von „sterben" anders als früher kein betont emotionsloses Verhältnis der Hinterbliebenen zum Verstorbenen signalisiert (1984: 184).

2) die Veränderung eines Koordinationsproblems

Ein Beispiel hierfür ergibt sich aus der zunehmenden Komplexität und Funktionalität technischer Produkte, insbesondere von Software. Diese schlägt sich in immer umfangreicheren Produktdokumentationen nieder, wobei jedoch die Zeit, die dem Benutzer zur Verfügung steht bzw. die er bereit ist zu opfern, um den Umgang mit dem Produkt zu erlernen, relativ konstant bleibt. Bei einfachen Produkten können sämtliche Informationen, die zum Umgang mit ihnen nötig sind, auf wenigen Seiten beschrieben werden. Diese sind rasch zu lesen; es kann also davon ausgegangen werden, dass der Benutzer nahezu den gesamten Text liest, sofern ihm die Bedienung des Gerätes nicht sogar selbsterklärend erscheint. Bei der umfangreichen Dokumentation zu komplexeren Produkten, wie Software, ist dies nicht mehr möglich. Es ist aber auch nicht erforderlich, da der einzelne Benutzer aus der Vielzahl der Funktionen, die das Produkt bietet, in der Regel nur wenige, auf seine spezifischen Bedürfnisse zugeschnittene Funktionen benötigt.

Das veränderte Koordinationsproblem besteht in diesem Zusammenhang darin, die Informationen in der Dokumentation so zur Verfügung zu stellen, dass der Leser mit möglichst geringem Zeitaufwand genau die Informationen findet, die er in seiner jeweiligen Situation benötigt und ihm diese Informationen in möglichst prägnanter Form darzubieten.

Gelöst werden kann dieses Koordinationsproblem u.a. durch die Schaffung von Möglichkeiten des gezielten Zugriffs auf die jeweils gewünschten Informationen, z.B. durch detaillierte Gliederungen und Stichwortverzeichnisse, die all die Schlagwörter enthalten müssen, unter denen der Benutzer die entsprechenden Informationen intuitiv sucht, und durch grafische Mittel (wie Mehrfarbdruck, unterschiedliche Schriftgrößen und -arten usw.) zur optischen Informationsgliederung.

Die Änderung bzw. Weiterentwicklung von Produkten hat also zur Entstehung eines neuen bzw. vom alten abweichenden Koordinationsproblems geführt, und dies wiederum zur Entwicklung einer Variante der Textsorte Gebrauchsanleitung, die als *Manual* oder *Benutzerhandbuch* bezeichnet wird (Göpferich 1995: 170f).

3) Interferenzfehler in Übersetzungen

Im Rahmen der zunehmenden interkulturellen Kommunikation steigt das Übersetzungsaufkommen und damit auch die Zahl von Interferenzfehlern, u.a. im Bereich der Konventionen. Im extremsten Fall führen solche Interferenzfehler bei Sprachen, zwischen denen häufig übersetzt wird, zu einer allmählichen Assimilation der Konventionen, wenn die Übersetzer nicht für interlinguale und interkulturelle Unterschiede in diesem Bereich sensibilisiert werden und dadurch lernen, Interferenzfehlern aus dem Weg zu gehen (ebd.: 171).

4) Weiterentwicklung der Büro- und Kommunikationstechnik:

Die Weiterentwicklung der Büro- und Kommunikationstechnik, z.B. von Textverarbeitungssystemen, Desktop-Publishing, Mehrfarbkopierern, Modems usw., ermöglicht neue Publikationsmethoden und einen rascheren Informationsaustausch. Die Folgen hiervon sind insbesondere mehr Möglichkeiten in der optischen Gestaltung mit weniger Aufwand und einer größeren Aktualität. Der Einsatz dieser Technik ist bereits zum Standard geworden. Manuskripte, die mit herkömmlichen mechanischen Schreibmaschinen geschrieben werden, entsprechen heute nicht mehr den Erwartungshaltungen und liegen damit nicht mehr im Bereich des Konventionellen (Göpferich 1995: 171).

Generell kann festgehalten werden, dass die Textsortenkonventionen das textsortenspezifische „Grundgerüst“ eines Textes bilden, an das der Übersetzer gebunden ist, während die nicht-textsortenspezifische Sprache die „Zwischenräume“ in diesem „Gerüst“ ausfüllt und dem Übersetzer größeren Formulierungs- und Gestaltungsspielraum lässt. So gesehen kann man Sager (1986: 343) zustimmen, wenn er feststellt:

> Voraussetzung ist natürlich, dass der Übersetzer mit der ZS-Textsorte vertraut ist und ihre Konventionen beherrscht. Kennt sich der Übersetzer im Verfassen von entsprechenden ZS-Textsorten aus, dann ist es oft sogar praktikabler, einen neuen Text zu verfassen, als sich mit den Strukturen des Originals herumzuschlagen und der Gefahr von Interferenzfehlern ausgesetzt zu sein.

2.1.3 Fachtextsortenkonventionen

Aus der Sicht der Fachtextkonstellationen gewinnt die vertikale Schichtung von Hoffmann (1985) eine große Bedeutung. Darin wird der Text einer Gliederung nach stilistischen oder kommunikativen Gesichtspunkten unterzogen.
Bei seinem Versuch, die Fachtexte in einer vertikalen Schichtung zu gestalten, kommt er unter Anwendung des Kriterienkomplexes 1. „Abstraktionsstufe", 2. „äußere Sprachform", 3. „Milieu" und 4. „Teilnehmer an der Kommunikation" zu den folgenden fünf Schichten (Hoffmann 1985: 66f.):

A = 1. höchste Abstraktionsstufe,
2. künstliche Symbole für Elemente und Relationen,
3. theoretische Grundlagenwissenschaften,
4. Wissenschaftler <=> Wissenschaftler;

B = 1. sehr hohe Abstraktionsstufe,
2. künstliche Symbole für Elemente, natürliche Sprache für Relationen (Syntax),
3. experimentelle Wissenschaften,
4. Wissenschaftler (Techniker) <=> Wissenschaftler (Techniker) <=> wissenschaftlich-technische Hilfskräfte;

C = 1. hohe Abstraktionsstufe,
2. natürliche Sprache mit einem sehr hohen Anteil an Fachterminologie und einer streng determinierten Syntax,
3. angewandte Wissenschaften und Technik,
4. Wissenschaftler (Techniker) <=> wissenschaftliche und technische Leiter der materiellen Produktion;

D = 1. niedrige Abstraktionsstufe,
2. natürliche Sprache mit einem hohen Anteil an Fachterminologie und einer relativ ungebundenen Syntax,
3. materielle Produktion,
4. wissenschaftliche und technische Leiter der materiellen Produktion <=> Meister <=> Facharbeiter (Angestellte);

E = 1. sehr niedrige Abstraktionsstufe,
2. natürliche Sprache mit einigen Fachtermini und ungebundener Syntax,
3. Konsumtion,

4. Vertreter der materiellen Produktion <=> Vertreter des Handels <=> Konsumenten <=> Konsumenten

An Hoffmanns Schichtenmodell ist zu kritisieren, dass es schwierig und häufig auch unmöglich ist, eine Textsorte oder einen konkreten Text einer dieser Schichten eindeutig zuzuordnen. Auf populärwissenschaftliche Zeitschriftenartikel trifft beispielsweise keine der Beschreibungen der fünf Hoffmannschen Schichten zu (Gläser 1990: 10). Ferner gehören nach Hoffmanns Schichtenmodell sehr ähnliche Textsorten, wie Gebrauchsanleitungen für Pkw und Werkstatthandbücher, unterschiedlichen Schichten an, nämlich die Werkstatthandbücher der Schicht D und die Gebrauchsanleitungen der Schicht E. Dieses Modell verdeutlicht also nicht die intuitiv empfundenen Gemeinsamkeiten verwandter Textsorten.

Zusammenfassend kann festgehalten werden, dass sich für textsortenorientierte Untersuchungen insbesondere aus dem Modell Hoffmanns zwar Kriterien ableiten lassen, die zur Bildung grober Textsortenkategorien führen. Dabei hat es sich jedoch erwiesen, dass das Modell je nach Fachgebiet, dem die einzuordnenden Texte entstammen, modifiziert und gegebenenfalls präzisiert werden muss.

Die Bestimmung von Gebrauchsanleitungen in einem System von Textsorten hat immer wieder zu Diskussionen geführt. Gläser setzt beispielsweise vier Stufen zur Unterscheidung in seiner pragmatisch angelegten Textsortenklassifikation an. In einem ersten Schritt unterscheidet sie zwischen fachinterner und fachexterner Kommunikation als oberstem Kriterium, wobei sie jedoch auf die Einbeziehung der interfachlichen Kommunikation verzichtet und die Zuordnung auf den jeweiligen Einzelfall beschränkt (Gläser 1990: 47). Auf der zweiten Analyseebene steht die Unterscheidung nach der kommunikativ-pragmatischen Funktion des Textes. Die dritte Ebene der Hierarchie wird durch die Standards der Textualität dargestellt. Gläser unterscheidet hier primäre Textsorten, abgeleitete Textsorten, Prä-Textsorten, die der Vorbereitung einer anderen Textsorte dienen, und Quasi-Textsorten.

Die unterste Stufe der Texttypologie nehmen die konkreten Fachtextsorten als konventionalisierte Textbildungsmuster und die ihnen zugeordneten Textexemplare ein. Die Textsorten bilden faktisch eine offene Reihe, und der

Übergang von Textsorten der fachinternen zur fachexternen Kommunikation wie auch der Fachsprache zur Allgemeinsprache ist fließend (1990: 49).

Insgesamt stellt sich die von Gläser entwickelte Typologie schriftlicher Textsorten folgendermaßen dar:

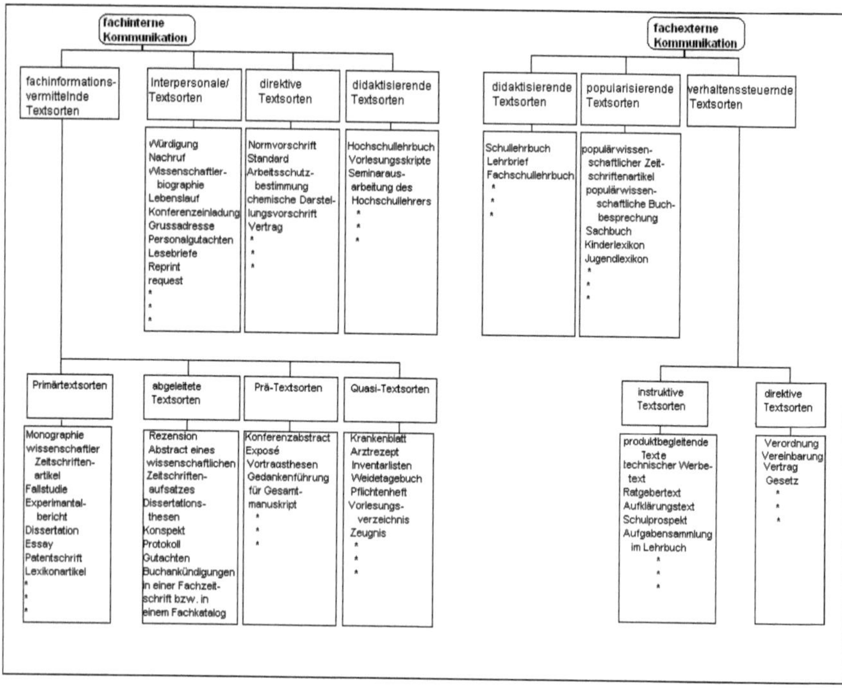

Abb. 2: Typologie schriftlicher Fachtextsorten (Gläser 1990: 50f.)

Die oben dargestellte Typologie bezieht sich zwar primär auf englische Textsorten, ist aber auch auf deutsche und türkische Texte übertragbar. Auf der jeweils untersten Analyseebene ist das Modell offen, d.h. es lässt Raum für zusätzliche Textsorten und für neue Textsorten, die erst in Zukunft entstehen werden. Insgesamt bietet das Modell durch seine Mischklassifizierung eine adäquate Möglichkeit, um Textsorten mit ihren Charakteristika einzuordnen (vgl. Nickl 2001: 29f.).

Ein differenziertes Fachsprachenkonzept hat Göpferich für den Bereich der naturwissenschaftlich-technischen Fachtexte vorgestellt:

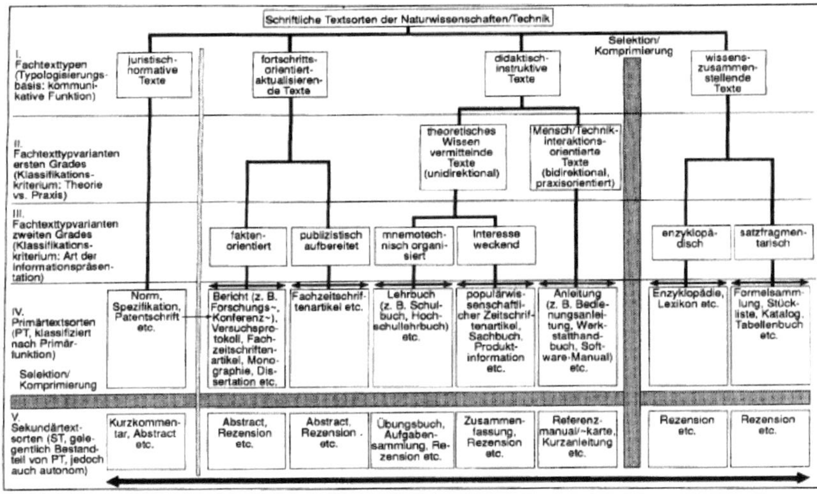

Abb. 3: Das Textsortenspektrum der Technik (Göpferich 1998: 90)

Ähnlich wie Gläser baut Göpferich eine hierarchische Textsortenklassifikation auf, allerdings versucht sie keine Systematik aller fachsprachlichen Texte. Auch unterteilt Göpferich nicht danach, ob Fachtexte intrafachlich oder extrafachlich verwendet werden, sondern koppelt die Dimension der Fachlichkeit in Gemeinschaft mit Kalverkämpers Modell der dynamischen und textuellen Sichtweise von Fachlichkeit und Fachsprachlichkeit (1990) ganz analog an ein System der dynamischen Fachlichkeitszuweisung, d.h. Texte und Textsorten werden nicht mehr als Teil einer Fachsprache charakterisiert, sondern sie werden pragmatisch als Texte-in-Funktion (Kalverkämper 1983) betrachtet, die mehr oder weniger reich an fachsprachlichen Elementen sein können (Göpferich 1995: 25). Insgesamt ist das Textsortenmodell von Göpferich stärker systematisiert als Gläsers Ansatz, ohne jedoch die notwendige Offenheit zu verlieren, um Textsortenveränderungen und dem Entstehen von neuen Textsorten Rechnung zu tragen.

Die Abbildung 3 stellt das Textsortenspektrum der Technik schematisch dar. Das Schema weist eine hierarchische Struktur auf, wobei die Textsorten auf jeder Hierarchiestufe nach genau einem Kriterium differenziert werden. Die Differenzkriterien sind jeweils in der ersten Spalte des Schemas angegeben. Da davon auszugehen ist, dass die kommunikative Funktion einer Textsorte deren

Gestaltung auf allen Ebenen bestimmt und damit für die Textsortendifferenzierung von großer Relevanz ist, wurden als Differenzierungskriterien solche gewählt, mit denen sich die kommunikative Funktion der Textsorten beschrieben lässt. Auf der obersten Hierarchiestufe wird nur ganz grob zwischen vier unterschiedlichen kommunikativen Funktionen differenziert; diese kommunikativen Funktionen werden dann auf den folgenden Stufen weiter differenziert (Göpferich 1998: 90):

1) Hierarchiestufe I: *Fachtexttypen*
   Juristisch-normative Texte
   Fortschrittsorientiert-aktualisierende Texte
   Didaktisch-instruktive Texte
   Wissenszusammenstellende Texte
2) Hierarchiestufe II: *Fachtexttypenvarianten ersten Grades*
   Mensch/Technik-Interaktionsorientierte Texte
   Theoretisches Wissen vermittelnde Texte
3) Hierarchiestufe III: *Fachtexttypenvarianten zweiten Grades*
4) Hierarchiestufe IV: *Primärtextsorten*
5) Hierarchiestufe V: *Sekundärtextsorten*

Bei Göpferich werden die Anleitungen (Gebrauchsanleitungen, Gebrauchsanweisungen, Bedienungsanleitungen, Bedienungsanweisungen) unter dem Oberbegriff der Hierarchiestufe I: Die *Fachtexttypen* als *didaktisch-instruktive Texte* und in der Hierarchiestufe II: Die *Fachtexttypenvarianten ersten Grades* als *Mensch/Technik Interaktionsorientierte Texte* kategorisiert.
Fiedler (1991: 21) definiert den Begriff „Fachtextsorten“ folgendermaßen:

> Aufgrund gemeinsamer struktureller und funktionaler Merkmale können Fachtexte zu Fachtextsorten zusammengefasst werden. Unter einer Fachtextsorte verstehen wir [...] ein historisch entstandenes, gesellschaftlich akzeptiertes und produktives ‚Textbildungsmuster für die geistig-sprachliche Verarbeitung eines fachspezifischen Sachverhalts, das durch einsprachige kommunikative Normen bestimmt ist‘.

Da unterschiedliche Fächer unterschiedliche Sachverhalte „zu verarbeiten“ haben, sollten die kommunikativen Normen bzw. Konventionen der Fachkommunikation nicht nur makro-, sondern auch mikrokulturell spezifisch sein. Aitken (2002: 96) vermutet daher wahrscheinlich zu Recht, dass Formulierungen und andere Konventionen eines Fachtextes auch das Wissen des Faches reflektieren.

Oben wurde bereits erwähnt, dass Textsorten konventionell geltende Muster für komplexe sprachliche Handlungen sind und sich als jeweils typische Verbindungen von kontextuellen, kommunikativ-funktionalen und strukturellen Merkmalen beschreiben lassen. Sie haben sich in der Sprachgemeinschaft historisch entwickelt und gehören zum Alltagswissen der Sprachteilhaber; sie besitzen zwar eine normierende Wirkung, erleichtern aber zugleich den kommunikativen Umgang, indem sie den Kommunizierenden mehr oder weniger feste Orientierungen für die Produktion und Rezeption von Texten geben (Brinker 2005: 124f.).

Fachtextsorten sind eine spezielle Klasse von Textsorten, bei deren Produktion und Rezeption zusätzlich zum Alltagswissen noch Fachwissen nötig ist (Hoffmann 1998: 569).

Dabei ist allerdings zu bedenken, dass der Zusatz für die Fachtextsorte vor allem bei fachinternen Textsorten gilt, deren Adressaten kompetente Fachleute sind. Fachexterne Textsorten, die sich an fachlich weniger kompetente oder Laien-Adressaten wenden, sind besser als eine Sorte fachbezogener Vermittlungstexte zu verstehen, da ihnen in der sprachlichen Kommunikation eine Mittlerrolle zwischen Fachleuten und Laien zukommt (Pelka 1982: 85).

Forner (1992: 197) nimmt dagegen an: „In Wirklichkeit ist die fachsprachliche Textgestaltung konventionell, nicht durch den fachlichen Gegenstand bestimmt“. Dabei übersieht er allerdings, dass die „konventionelle Bestimmung“ auf das Fach zurückgeht, dem der Gegenstand angehört: Fachtextsortenkonventionen lassen sich nicht vom jeweiligen Fach, seinem Tätigkeitsbereich, seinen Themen usw. trennen. Der Kommunikationsgegenstand bestimmt durch seine eigene Zugehörigkeit zur über ihn kommunizierenden Mikrokultur gleichzeitig die mikrokulturelle Bindung eines Fachtextes, mit dem über ihn kommuniziert wird.

Offensichtlich ist der Einfluss der Mikrokultur auf die Konventionen einer Fachtextsorte eine ernstzunehmende Größe:

Baumann (1992: 74) hat bei kontrastiven Analysen wissenschaftlicher Texte festgestellt, dass „stilistische Gemeinsamkeiten verschiedener histografischer Fachtextsorten offensichtlicher sind, als Übereinstimmungen zwischen den gleichen Fachtextsorten verschiedener Einzelwissenschaften". Infolgedessen besteht ein direkter Bezug zwischen Fachtext und Fach, der den makrokulturellen Kontext impliziert, weil die Konventionen der Mikrokultur u.a. die Konventionen der jeweiligen Makrokultur reflektieren.

Danach können Textsorten in ihren jeweiligen Kulturen mehr oder weniger stark konventionalisiert sein, und diese Konventionen können sich auf den gesamten Text, sowohl auf der Text- als auch auf der Syntaxebene beziehen (Schäffner 2004: 23).

Nachdem die grundlegenden Angaben zu Konventionen und Fachtextsortenkonventionen dargelegt wurden, soll im folgenden Abschnitt die Primärtextsorte der Gebrauchsanleitung ausführlich erörtert werden.

2.2 Gebrauchsanleitungen – „Ein Kind unserer Zeit"

Der nächste Abschnitt beschäftigt sich damit, was unter der Bezeichnung Gebrauchsanleitung verstanden wird und wie der Begriff im Rahmen der vorliegenden Studie definiert wird. Auf den ersten Blick wirkt die Bezeichnung intuitiv erfassbar und jeder weiß im Grunde, was damit gemeint ist. Bei genauerer Betrachtung erweist sich jedoch auch dieser Begriff, wie viele alltägliche Begriffe, als schillernd.

2.2.1 Die Textsorte *Gebrauchsanleitung*

Die erste Begegnung mit einer Gebrauchsanleitung: Ein Kunde geht in einen Laden und kauft sich ein Gerät oder bestellt sich das Gerät im Internet. Sobald das Gerät in seinem Besitz ist, beginnt er es sich erst einmal anzusehen, dreht an den Knöpfen, tippt auf Tasten, schaltet ein und wieder aus und schaut einmal hinein, was darin ist. Das alles geht planlos vor sich und führt zu keinem Ergebnis, ist also unbefriedigend. Allerdings weiß man, dass der Anwender, der zum ersten Mal einem neuen Produkt gegenübersteht, den Wunsch hat, dieses auch zu benutzen. Dabei geht es dem Kunden, der ein technisches Gebrauchsgut gekauft hat, darum, das Gerät funktionsgemäß zu verwenden. Nun hofft er, dass die Gebrauchsanleitung ihm dabei hilft, er steht der Anleitung positiv gegenüber und möchte sie lesen. Diese positive Lernhaltung soll zum Guten genutzt werden, um den Kunden zu einem ersten *Erfolgserlebnis* zu führen (Zieten 1988: 256). Bei der ersten Anwendung nach dem Kauf hat die Anleitung eine Schlüsselstellung inne. Zum ersten Mal hat der Kunde die Gelegenheit, zuvor durchgeführte Angaben zu überprüfen. Er wird jetzt seine Kaufentscheidung bestätigt sehen oder bereuen. Gleichzeitig ist der Kunde hochmotiviert und will das Produkt nun erproben. Der Gebrauchsanleitung kommt hier die Funktion zu, einer möglichen Kaufreue des Kunden entgegenzuwirken. Dazu ist es notwendig, dass alle Produktfunktionen einfach, aber umfassend erklärt werden. Der Kunde sollte dabei möglichst schnell an das Produkt herangeführt werden, damit er ein erstes Erfolgserlebnis hat und so das Produkt positiv bewertet (ebd.). Deshalb sucht der Leser nach Informationen, die ihn auf dem kürzesten Wege zum nächsten Erfolgserlebnis führen – und weigert sich, andere Informationen aufzunehmen, weil sie das Erfolgserlebnis ja nur hinauszögern. Aus diesem Grund sollen nur Informationen gegeben werden, die ihn auf dem kürzesten Weg zum nächsten und schließlich zum wichtigsten Erfolgserlebnis führen, bei dem das Produkt den erwarteten Nutzen liefert. Dann ist der Kunde zufrieden, jede Ungeduld fällt von ihm ab, er ist am Ziel. Was er noch an Informationen braucht, sucht er sich ohne sonderliche Unruhe gern zusammen.

Die Anwender eines Produktes setzen sich aus unterschiedlichen Individuen zusammen: aus Laien mit einem Minimum an Vorkenntnissen oder überhaupt keinen bis hin zu Fachleuten, die bereits alles wissen, von Ausnahmen oder Sonderfunktionen einmal abgesehen. Der Autor, der hinter seiner Schreibmaschine sitzt und sich fragt, für wen er denn nun eigentlich schreibt, kommt ins Schwitzen. Schreibt er für den Laien, der keine Ahnung hat, oder schreibt er für den Fachmann, der alles besser weiß? Diese Frage wird viel erörtert. Und die Antwort ist einfach: für alle Genannten. Eine Anleitung muss zunächst einmal auf den Laien Rücksicht nehmen, auf den Anwender ohne Vorkenntnisse (Zieten 1990: 73).

„Kürze und Prägnanz“ würden bei äußerster sprachlicher Knappheit zwangsläufig auch zur „Einfachheit“ führen. „Gliederung und Ordnung“ würden verhindern, dass Informationen an falscher Stelle stehen. Nur eine „Anregung“

ist bei Gebrauchsanleitungen der hier vorgeschlagenen Art nicht nötig. Andere Ergebnisse der Verständlichkeitsforschung können wegen ihrer Zielsetzung nicht ausgewertet werden, ebenso wie andere Forderungen z.B. nach „Übersichtlichkeit" oder „Benutzer-Orientiertheit", weil sie zu allgemein sind (Zieten 1990: 200).

In Deutschland wurden Gebrauchsanleitungstexte spezifisch in Grosse/Mentrup (1982), Weber (1982), Saile (1984), Werner/Heyne (1987) und Zieten (1990) zum Forschungsgegenstand. Für die Zwecke der vorliegenden Untersuchung genügt es, eine kurze Charakterisierung der Hauptfunktion und die wichtigsten Strukturmerkmale der Gebrauchsanleitung zu schildern.

Laut Angaben des Statistischen Bundesamtes aus dem Jahre 2008 besaßen von 100 Haushalten mit mittlerem Einkommen in Deutschland 62% einen Geschirrspüler, 99,4% Telefon, 77% einen Personenkrafwagen, ebenso viele einen CD-Player, 73% Gefrierschrank/Gefriertruhe, 68% Mikrowellengerät, 72% einen Personalcomputer, 74% einen Fotoapparat (analog) (Statistisches Jahrbuch 2008: 548). Geht man einmal davon aus, dass zu jedem dieser Geräte mindestens eine Gebrauchsanleitung mitgeliefert wird und rechnet man dann noch technische Geräte wie Uhren, Mobiltelefone, Radios, Kassettenrecorder, Elektrowerkzeug und dgl. hinzu, dann kann man davon ausgehen, dass in einem durchschnittlichen deutschen Haushalt mindestens 50 Gebrauchsanleitungen vorhanden sind. Selbst ein elektronischer Wecker oder ein digitales Fieberthermometer sind heute ohne erklärenden Text meist nicht in Gebrauch zu nehmen.

Vor diesem Hintergrund verwundert es nicht mehr, wenn Experten die Gesamtzahl der in Deutschland pro Jahr produzierten Gebrauchsanleitungen aller Branchen auf mehrere hundert Millionen Seiten schätzen. Ebenso darf man nicht erstaunt sein, wenn es sich bei Gebrauchsanleitungen um eine Textsorte handelt, die seit Jahren die Aufmerksamkeit der Öffentlichkeit auf sich zieht: Allein wenn man sich die oben angegebenen Zahlen ansieht, sieht man, dass sie auf das Engste mit dem Alltag der Menschen verbunden ist. Mehr oder weniger komplizierte technische Geräte bestimmen sowohl die berufliche als auch die private Sphäre der Menschen. In unserer hoch technisierten Informations- und Kommunikationsgesellschaft ist beispielsweise das Mobiltelefon nicht mehr wegzudenken. Wenn man bedenkt, dass moderne technische Geräte nur noch in einer sehr begrenzten Anzahl von Funktionen selbsterklärend sind, so dass der Nutzer fast ausnahmslos der Hilfe bedarf, die in der Gebrauchsanleitung zur rechten Zeit am jeweiligen Ort schnell auffindbar und leicht verständlich zur Verfügung stehen soll, so ist es vorstellbar, dass es keine geringen Anforderungen sind, die an die Realisierung der Textfunktion gestellt werden.

Versucht man, die Textsorte der Gebrauchsanleitung in ihrer hauptsächlichen Erscheinungsform zu charakterisieren, kann man sie als Produkt der Massenkommunikation bezeichnen. Sie ist Begleittext zu Waschmaschinen, Armbanduhren, Mobiltelefonen, Videorekordern, Kaffeemaschinen usw. und damit für sehr große Nutzerkreise bestimmt, die für die Anwendung der jeweiligen Geräte sehr unterschiedlich prädisponiert sind. Die Gebrauchsanleitung ist aber auch Bestandteil der Dokumentation komplexer technischer Geräte und Anlagen wie z.B. von Automobilen oder Kläranlagen. Hier ist sie kein Massenprodukt im eigentlichen Sinne mehr, sondern ist für Spezialisten bestimmt, die über entsprechendes deklaratives und prozedurales Wissen verfügen. Sie ist eine der Textsorten, die unter dem Oberbegriff *technische Dokumentation* geführt werden.

Technische Dokumentation ist als Sammelbezeichnung für alle Informationen zu verstehen, die in strukturierter Form über ein auf technischem Wege hergestelltes Produkt und dessen Verwendung erstellt worden sind (Satzger 2004: 387). Dabei unterscheidet man zwischen

- betriebsinterner Dokumentation des Herstellers, die nur für den Gebrauch innerhalb des jeweiligen Unternehmens bestimmt ist (z.B. Konstruktionsunterlagen, Pflichtenheft), und
- betriebsexterner Dokumentation für Anwender, die laut Gesetz zum Lieferumfang eines Produkts gehört und für den Vertrieb (z.B. Prospekte, Kataloge) oder den Nutzer des Produkts (Benutzerinformation) vorgesehen ist (ebd.).

In seiner Funktionsbeschreibung zu deskriptiven und präskriptiven Texten nimmt Hoffmann (1999: 35) eine weitergehende Differenzierung nach der Textfunktion (instruktiv bzw. direktiv) vor (vgl. Horn-Helf 2010: 124):

> Die Funktion deskriptiver Texte ist es, zu informieren, zu berichten, zu beschreiben, zu zitieren, festzustellen usw.; die Funktion instruktiver

> Texte ist es, zu (be)lehren, zu erklären, zu empfehlen, zu illustrieren, zu überzeugen, zu raten usw.; die Funktion direktiver Texte ist es, vorzuschreiben, anzuweisen, zu steuern, zu ordnen, zu regeln usw. Oft ergibt die Substantivierung dieser Verben schon den Namen der Textsorte z.B. Information, Bericht, Beschreibung, Erklärung, Empfehlung, Illustration, Vorschrift, Anweisung, Regelung.

Die angesprochenen Textsortenbezeichnungen spezifizieren die Intention des Senders (er möchte informieren, berichten, beschreiben usw.) und prädeterminieren über die Offenlegung dieser Intention gleichzeitig die Rezeption des Textes. Das trifft in einem ganz allgemeinen Sinne auch auf Anleitungen zu. Allerdings gibt der Titel einer Anleitung keinen so eindeutigen Hinweis auf den Adressatenbezug, wie die Abgrenzung bei Brendl/Brendl (1991: 7) dies nahe legt:

> Die Nutzungsfunktion folgt je nachdem, ob es sich um Laien oder Fachleute – also Gebrauchs- oder Betriebsanleitungen handelt – den Prinzipien der Einweisung bzw. Unterweisung (es fehlen nicht nur Produkt-, sondern auch Fachkenntnisse).

Demnach ist die kommunikative Hauptfunktion einer Gebrauchsanleitung die Instruktion, die dadurch gekennzeichnet ist, dass ein Anleiter die Prozedur zur Erreichung eines Ziels, in diesem Fall ist es die korrekte Bedienung des Gerätes, dem Benutzer einer Maschine darlegt (Serra-Borneto 1996: 174).
In diesem Zusammenhang ist zu bemerken, dass im Unterschied zu anderen verwandten direktiven Handlungen (Befehle, Anordnungen usw.) der Adressat (d.h. der Benutzer des Geräts) und der Anleitende das gleiche Ziel (d.h. das Funktionieren der Maschine) verfolgen. Mit anderen Worten: der Benutzer will das tun, was ihm durch den Anleitenden vorgeschrieben wird. Eine zentrale Rolle spielt dabei die Maschine (d.h. in unserem Falle das Gerät) als Referenzobjekt: jede Instruktion erfolgt nämlich in der Annahme, dass der Benutzer die geforderte Tätigkeit an der Maschine durchführen wird. Auf diese Weise entsteht ein ständig wiederholter Rückkopplungseffekt zwischen Instruktionstext (stellvertretend für den Anleiter), Benutzer und Maschine. Infolgedessen wird die Beschreibung der Prozedur und letzten Endes die ganze Gestaltung des

Textes von der Struktur und Komplexität der Maschine sowie ihren Funktionen unmittelbar beeinflusst: so erfordern z.B. Gebrauchsanleitungen für PCs eine ganz andere Textgestaltung als Gebrauchsanleitungen für einen Staubsauger oder einen Fotoapparat (ebd.).
Wie in Abb. 3 dargestellt, setzt Göpferich (1992: 200) die Textsorte der Gebrauchsanleitungen aller Art in die Kategorie der *Mensch/Technik interaktionsorientierten Texte*, die dem Zweck dienen,

> den Adressaten in die Lage zu versetzen, direkt mit einem Gegenstand (z.B. einer chemischen Substanz, einem Werkzeug oder Gerät) umzugehen. In diesen Texten steht nicht das theoretische Wissen über diesen Gegenstand im Vordergrund, sondern Informationen, die vonnöten sind, um ihn praktisch zu nutzen. Dabei wird die Interaktion zwischen dem Anwender und dem Gegenstand betont, den der Anwender während der Rezeption von Texten dieser Art in der Regel vor sich hat. Die Aufmerksamkeit des Rezipienten richtet sich dabei nicht ausschließlich auf den Text, sondern meist abwechselnd auf ihn und den Gegenstand. Daher kann hier von einem bidirektionalen Informationsfluss gesprochen werden: Zum einen ‚fließen' Informationen vom Text zum Rezipienten (eine Richtung), der entsprechend auf den Gegenstand einwirkt; zum anderen erhält der Rezipient Informationen von dem Gegenstand, der entsprechend ‚reagiert' (zweite Richtung; Feedback-Komponente). Ob der Text korrekt verstanden wurde, äußert sich also immer auch an der ‚Reaktion' des Gegenstands, die als korrigierender Faktor bei der Textrezeption mitwirkt. Die Qualität eines Mensch/Technik-interaktionsorientierten Textes kann damit nicht durch die bloße Analyse des Textes ohne Einbeziehung des beschriebenen Gegenstands beurteilt werden.

Um den Leser möglichst rasch in die Lage zu versetzen, mit einem technischen Gegenstand umgehen zu können, muss bei der Erstellung von *Mensch/Technik interaktionsorientierten Texten* auf Sprachökonomie und damit eine hohe Informationsdichte geachtet werden. Metasprachliche Elemente unterbrechen die Vermittlung der für den Leser eigentlich relevanten Informationen zum Umgang mit dem technischen Gegenstand und stehen damit im Widerspruch zu den Forderungen nach Sprachökonomie und hoher Informationsdichte. Daher wird in diesen Texten auf ein Vokabular zurückgegriffen, mit dem der Adressat bereits vertraut ist. So muss er sich nicht von Gedankengängen über Benennungen ablenken lassen, sondern kann seine Aufmerksamkeit bei der Lektüre dieser Texte ganz auf die Inhaltsfaktoren, also die Informationen zur Bedienung des technischen Gegenstands, richten. Sind Erläuterungen zu Benennungen nötig, so werden diese in *Mensch/Technik interaktionsorientierten Texten* – sofern möglich – in Form bildlicher Darstellungen gegeben, die sich im Gegensatz zu verbalen Beschreibungen auf einen Blick und damit schneller aufnehmen lassen.

Die Einstufung der Textsorte Gebrauchsanleitung in die Kategorie der *Mensch/Technik interaktionsorientierten Texten* erfordert zunächst die Auseinandersetzung mit dem Terminus *Technik*. Aus diesem Grund soll die Fragestellung, was unter *Technik* bzw. unter *Techniksprache* erfasst wird, im Folgenden ausführlich erörtert werden.

2.2.2 Technik und Techniksprache

Technik ist der Oberbegriff für „alle Maßnahmen, Verfahren und Einrichtungen zur Beherrschung und zweckmäßigen Nutzung der Naturgesetze und der von der Natur gebotenen Energien und Rohstoffe“ (Brockhaus 2006: 545). Die Technik wird herkömmlicherweise nach „ingenieurwissenschaftlichen Fachgebieten oder Industriebranchen“ (ebd.) eingeteilt. Deutlicher wird die jeweilige Eigenart der eingesetzten und hervorgebrachten Technik bei einer Klassifikation nach der Funktion und nach der Kategorie der Objekte. Bei einer Verknüpfung der beiden Einteilungen ergeben sich unterschiedliche Technikfelder (vgl. Göpferich 1998a: 546). Diese Klassifizierung der Technik ist für die hier verfolgten fachsprachlichen Ziele jedoch unbrauchbar, weil sie keine „gewachsenen“ Fächer abgrenzt, eine Fachsprache aber immer an ein solches „gewachsenes“ Fach gebunden ist, mit dem sie entsteht und sich entwickelt. Schmitt (1999: 106) bezeichnet Technik als die

> Gesamtheit aller Objekte (Werkzeuge, Geräte, Maschinen u.a.), Maßnahmen und Verfahren, die vom Menschen durch sinnvolle, zielgerichtete Ausnutzung der Naturgesetze und -prozesse sowie geeigneter Stoffe hergestellt bzw. entwickelt werden und sich – als Erweiterung

> der (begrenzten) menschlichen Fähigkeiten – zweckmäßig und in einem jeweils als nützlich betrachteten Ausmaß insbesondere bei der Arbeit und in der Produktion von Gütern, Werkzeugen u.a., aber auch im Bereich des Informations- und Kommunikationswesens anwenden lassen. Darüber hinaus bezeichnet Technik die Wissenschaft von der Anwendung und Nutzbarmachung naturwissenschaftlicher Erkenntnisse zur Realisierung technischer Vorhaben.

Die Technik wird „nach überlieferten, meist jedoch nach praktischen und organisatorischen Gesichtspunkten" (Schmitt 1999: 106) in einzelne Fachgebiete und Unterfachgebiete gegliedert, wie Maschinenbau, Elektrotechnik, Hoch- und Tiefbau usw. (horizontale Subklassifizierung), denen bis in die siebziger Jahre einzelne Fachsprachen zugeschrieben wurden. Schon der Begriff „Fach" (im Sinne von Unterabteil eines Regals o.ä.) suggeriert jedoch eine Abgegrenztheit und Beschränktheit, die in der Realität nicht gegeben ist (zum Fach-Begriff vgl. die philologische Studie von Kalverkämper 1992).

Die Techniksprache als Fachsprache nimmt gegenüber den Fachsprachen der anderen Kommunikationsbereiche *Institutionen* und *Wissenschaften* eine Sonderstellung ein, denn die Technik beansprucht in der anthropologischen und universalhistorischen Deutung der Menschheitsgeschichte einen besonders herausragenden Platz. Dieser wird zunehmend auffällig, weil die Technik mittlerweile in jeden Bereich des Menschenlebens hineinwirkt. Technik ist ein obligatorischer Bestandteil aller menschlichen Kulturen, gleich welcher Entwicklungsstufe sie angehören. Sie entsteht aus alltäglichem Wissen und Handeln und ist zunächst Teil der Alltagskultur. Der Technikbegriff der Gegenwartssprache spiegelt in seiner Vielschichtigkeit und gewissermaßen auch in seiner Vagheit die Zwischenstellung des Technischen zwischen Alltagshandeln und Fachwissen wieder (Walther-Klaus 1987: 204 f.; Jakob 1991, 1f.).

Wenn man die Techniksprache in diesem Sinne begreift, ist sie notwendigerweise als eine Sprachform anzusehen, die sich aus der Alltagssprache entwickelt hat, aber immer noch – auch im Industriezeitalter – nachhaltig in sie eingebettet ist. Dabei ist sie gebunden an die fortschreitende Technisierung der menschlichen Zivilisationen vom Werkzeug herstellenden Urmenschen bis zum heutigen Alltag. Da in den Prozessen des 20. Jahrhunderts die „Technisierung des Alltags“ und die „Veralltäglichung“ von Technik (Hörning 1988: 51) eine neue Dimension erreicht haben, werden jedoch auch die Technikbereiche gemäß dem Modell von Göpferich über die entsprechenden Anwendungsmöglichkeiten z.B. bei Haustechnik, Küchengeräten, Kraftfahrzeugen, Unterhaltungselektronik oder EDV wieder der Alltagssprache zurückgeführt (Jakob 1998: 144; Kalverkämper 1990).

Weil Technikwissen aus Alltagswissen entwickelt wurde, sind auch die Techniksprachen voller „Alltäglichkeiten“. Das in ihnen gespeicherte und mit ihnen verarbeitete Wissen ist im Gegensatz zu anderen Fachsprachen nicht aus theoriegeleiteten Prinzipien erwachsen, nicht in Auseinandersetzung mit Leitbegriffen, theoretischen Deutungsmuster oder Ideologien entstanden. Es ist Wissen, das sich aus praktischen und alltäglichen Erfahrungen herleitet und die Regeln für die alltägliche Lebensbewältigung enthält. Dieses technische Praxiswissen fußt auf untheoretischer Wissensgrundlage und körperlicher Erfahrung (ebd.).

2.2.3 Anleiten oder Anweisen? Begriff und Funktion

Ein besonderes Kennzeichen von Gebrauchsanleitungen ist, dass sie ihre Bezeichnung gleichsam als Etiketten tragen (Pelka 1982: 86). Das ist damit zu erklären, dass von allen produktbezogenen Texten die Gebrauchsanleitung der wichtigste ist. Vom Zweck der Produktion her gesehen, nämlich im Hinblick auf den Gebrauch der Produkte, sind Gebrauchsanleitungen unentbehrliche Produktbegleiter, die, vor allem bei der Benutzung und im Störungsfall, jederzeit und rasch zur Verfügung stehen müssen.

Bei den Bezeichnungen handelt es sich dabei fast ausnahmslos um zweigliedrige Komposita, die nach dem Muster der sog. Zusammenbildungen gebildet sind. Allerdings ist auch hier eine große Vielfalt zu beobachten.

Nachstehend eine ungeordnete und sicher auch unvollständige Liste von Bezeichnungen, die in der Fachliteratur zu finden sind (Krings 1996: 9):

Gebrauchsanleitungen	Gebrauchsanweisungen	Bedienungsanweisungen
Bedienungshandbücher	Bedienungsanleitungen	Gebrauchsvorschriften
Betriebsanweisungen	Betriebsanleitungen	Benutzerinformationen
technische Informationen	Hinweise für die Bedienung	Image-Broschüren
technische Handbücher	Funktionsbeschreibungen	Gerätebeschreibungen

Produktdatenblätter	Bauanleitungen	Montageanleitungen
Aufstellanleitungen	Pflegeanleitungen	Reparaturanleitungen
Reparaturhandbücher	Umbauanleitungen	Wartungsunterlagen
Wartungshandbücher	Service-Blätter	Service-Handbücher
Ersatzteillisten	Installationshandbücher	Referenzhandbücher
Lernhandbücher (tutorials)	CBT = Computer based training	Prospekte
Schulungsunterlagen	Online-Hilfetexte	technische Rundschreiben

Die sprachliche Ausdrucksskala insgesamt umfasst noch mehr, reicht vom mehr unverbindlichen „Hinweisen" bis zum verbindlichen „Vorschreiben". Das Tun, das angeleitet/angewiesen/vorgeschrieben wird, findet sich sprachlich auf verbalsubstantivische Weise ausgedrückt durch „Bedienung", „Gebrauch" und „Betrieb"; mit „Bedienung" ist ein dominierender Ausdruck zu beobachten. Der zweite Teil des Verbalsubstantivs bezieht sich auf die Verschiedenheit der Grundwörter „Anleitung" und „Anweisung". Der Unterschied zwischen *Anweisungen,* also Angelegenheiten, die eine Weisungsbefugnis und mithin soziales Gefälle zwischen Sender und Adressaten voraussetzen, und *Anleitungen,* bei denen dies nicht gilt, wird im Sprachgebrauch oft nicht beachtet. Zieten ist der Ansicht, dass Anleitungen dem Anwender sagen, was er tun muss, um mit seinem Produkt richtig umzugehen (1990: 21). Die Informationen sind auf die Anwendung bezogen und müssen daher in der Reihenfolge der Bedienung stehen. Der Anwender lernt Handlungsabläufe, indem er die Handlungen am Objekt ausführt, und daraufhin praktische Erfahrungen sammelt:

Bedienungsanleitung => Text, der die Bedienung von einem Gerät anleitet

Gebrauchsanleitung => Text, der den Gebrauch von einem Gerät anleitet

Es ist zu fragen, ob mit dieser Verschiedenheit im Ausdruck ein besonderes Anliegen intendiert ist. Bei der Beantwortung der Frage sind sowohl rezipientenspezifische als auch produktspezifische Kriterien heranzuziehen. Auffällig ist zunächst, dass sowohl Beispiele für die fachinterne Kommunikation als auch für die fachexterne Kommunikation die Bezeichnung „Anleitung" tragen. Im fachinternen Bereich deuten sich produktspezifische Unterschiede der Art an, dass „Anleitung" bevorzugt für instrumentelle Geräte und Maschinen (z.B. Werkzeugmaschinen), „Anweisung“ bevorzugt für elektrische Geräte und Maschinen (z.B. Regelgeräte) vorkommt[12]. Völlig uneinheitlich stellt sich das Bild in der fachexternen Kommunikation dar. Die Beschäftigung mit realen Texten zeigt allerdings, dass die Bezeichnung Gebrauchsanleitung nicht nur auf technische Produkte bezogen wird.

Soweit sprachlich in den Texten zum Ausdruck gebracht, dominiert in der Funktionsbestimmung der Textsorte „Gebrauchsanleitung“ eindeutig

- das „Anleiten“, eine Funktion, die eher als „instruktiv“ zu charakterisieren ist;
- das „Anweisen“ deutet dagegen eher auf eine „direktive“ Funktion hin (Pelka 1982: 87).

Keinerlei Systematik lässt sich jedoch für die fachexterne Gebrauchsanleitung mit technischen Laien als Zielgruppe erkennen. Pelka zieht deshalb die Folgerung, „daß mit der unterschiedlichen Textdeklaration allenfalls im innertechnischen Bereich (fachintern und interfachlich) eine Funktionsdifferenzierung verknüpft ist“ (Pelka 1982: 88). Gebert verwendet deshalb den Begriff möglichst umfassend; sie bezieht auch „Orientierungshilfen in Formularen oder auf dem Bildschirm, Tastenbeschriftungen und -anordnung, Hinweisbeschilderungen in einem Parkhaus und produktbezogene Kochbücher“ in ihre Begriffsbestimmung der Gebrauchsanleitung mit ein. Geberts Hauptkriterium ist, dass die Anleitung dem „Kunden hilft, sich den erhofften Nutzen aus einem Produkt oder einer Leistung zu erschließen“ (Gebert 1988: 9f).

Hensel (1987) dagegen wählt nicht eine Benennung aus dem schon oben erwähnten Korpus als Bezeichnung, sondern bezeichnet die Textsorte der Gebrauchsanleitung als *produktbegleitende Texte*. Im diesem Sinne haben die *produktbegleitenden Texte* folgenden Anforderungen zu genügen (vgl. Nickl 2001: 21):

[12] Während in dem untersuchten Gesamtkorpus bei den monolingualen Gebrauchsanleitungen unterschiedliche Bezeichnungen vertreten sind, ist bei den Firmen Bosch und Siemens die Bezeichnung *Gebrauchsanleitung* und *Kullanma Kılavuzu* zu verzeichnen.

1. Bei den Produkten, die diese Texte begleiten – dabei meint begleiten, dass die Texte an oder in potentiellen Waren befestigt bzw. zusammen mit den Waren einem potentiellen oder tatsächlichen Käufer zugänglich sind – handelt es sich um Konsumgüter [...].
2. Sie treten auf in der Kommunikation zwischen Partnern, die sich in ihrer Kompetenz (und in ihrem Wissen) bezüglich des Dargestellten unterscheiden. [...] [Es] sei darauf verwiesen, dass es sich nicht um Texte innerfachlicher oder innerbetrieblicher Kommunikation handeln soll. [...] Mit Hoffmann (1983: 139) wird angenommen, dass der Textautor anonym, nur der Hersteller des Produktes greifbar bleibt.
3. Betrachtet werden nur schriftliche Texte (Hensel 1987: 3f). Aus ihrer so geschaffenen Kategorie fallen dementsprechend einige Texte heraus. So rechnet sie „Hinweise für die Dosierung und Einnahmeweise von Arzneimitteln", „Texte, die sich bei oder an Produktionsmitteln [...] finden", „Hinweise in oder an öffentlichen Einrichtungen" und „mündlich gegebene Hinweise, die die Konsumgüter betreffen" nicht zu den produktbegleitenden Texten. Eine weitere Konsequenz dieses Ansatzes ist, daß die Garantieerklärung zu einem Teil des produktbegleitenden Textes wird (Hensel 1987: 31).

Die Kategorie der *produktbegleitenden Texte* erscheint allerdings als keine geeignete Eingrenzung der Textsorte. Letztlich gibt auch eine Waschanleitung zwar durchaus an, wie ein Kleidungsstück zu behandeln ist, nicht aber wie es zu gebrauchen ist – das ist Teil unseres allgemeinen kulturellen Wissens. Diese Fälle versucht Hensel (1987) aber nicht abzugrenzen. Bezeichnenderweise tauchen echte Gebrauchsanleitungen für Kleidung oder aber auch fürs Essen dann auf, wenn das Wissen darum, wie sie getragen wird, nicht Teil unseres kulturellen Wissens ist, also z.B. das Binden von Krawatten oder das Beschreiben zum Aufschneiden, Schälen und letztlich auch wieder Zubereiten exotischer Früchte im Supermarkt. Das entscheidende Kriterium bei einer Gebrauchsanleitung ist das gemeinsame Auftreten mit einem Produkt.

Im Türkischen werden die Bezeichnungen für Gebrauchsanleitung u.ä. Benennungen wie *kullanma talimatı, tarifname, talimatlar* oder *kullanma kılavuzu* verwendet (Ülkü 1993: 390). Wie erkennbar ist, sind zwei Einwortlexeme und zwei Mehrwortbenennungen zu verzeichnen. Im Allgemeinen wird die ursprünglich türkische Benennung *kullanım kılavuzu* bevorzugt. Allerdings sind in einigen Fällen auch das arabisch-persische Einwortlexem *tarifname* oder das arabische Lexem *talimatlar* anzutreffen. Unter *tarifname,* welches eine Zusammensetzung der Begriffe *tarif-* (arabisch) und *-name* (persisch) ist, versteht das Osmanlıca-Türkçe Ansiklopedik Lûgat von Devellioğlu „bir şeyin yapılışını, kullanışını anlatan yazı“ [Ein Schreiben, das die Installation und Funktionsweise einer Sache erklärt][13] (Devellioğlu 2008: 1033). Auch das TDK-Wörterbuch schreibt, dass *tarifname* „Bir işin yapılışını, bir aletin çalışmasını açıklayan yazı veya broşür“ [Ein Scheiben oder eine Broschüre, welche(s) die Installation einer Sache oder die Funktionsweise eines Gegenstands erklärt] ist (TDK-Sözlük 2005: 1907). Schaut man sich die Materialgrundlage der vorliegenden Arbeit an, so ist zu konstatieren, dass die multilingualen Gebrauchsanleitungen der Firmen Bosch und Siemens sich im Deutschen einheitlich für die Bezeichnung „Gebrauchsanleitung“ und im Türkischen „Kullanma Kılavuzu“ entschieden haben. Für die Zwecke der vorliegenden Arbeit genügt es daher, wenn der allgemeine Terminus „Gebrauchsanleitung”/ „Kullanma Kılavuzu“ verwendet wird. Bei den monolingualen Gebrauchsanleitungen ist die Benennung des *produktbegleitenden Textes* eher variabel.

Zusammenfassend zeigt sich also, dass eine Bestimmung der Textsorte Gebrauchsanleitung immer noch aussteht. Die Bezeichnungsvielfalt bei dieser Textsorte macht eine Kategorisierung einzelner Texte schwierig. Allerdings ist das babylonische Begriffs-Wirrwarr nicht so schlimm, wie eine reine Auszählung der Textsortendeklarationen es erscheinen lässt.

Man sollte jedoch darauf hinweisen, dass die Bezeichnung der Texte nicht immer auch eine Textsortenbezeichnung darstellt. Vielmehr sind Titel wie „So einfach wird's gemacht“ natürlich als Überschrift zu behandeln. Gerade

[13] Die Übersetzungen vom Türkischen ins Deutsche stammen vom Autor.

Gebrauchsanleitungen sind Texte, die immer wieder in ähnlichen Kontexten auftreten; deshalb ist eine Textsortendeklaration auch nicht nötig, was sich an der relativ großen Gruppe von Texten ohne Überschrift ablesen lässt. Der Leser ist durchaus selbständig dazu fähig, eine Gebrauchsanleitung auch ohne Textsortendeklaration durch ihre Spezifika und ihre Kontextbindung als solche zu erkennen. So ist die oben erwähnte Behauptung, dass Gebrauchsanleitungen ihre Bezeichnung gleichsam als Etiketten tragen, völlig authentisch.

Gemeinsam ist allen Anleitungen eine instruktive Textfunktion. Der Unterschied zwischen der fachinternen und der fachexternen Anleitung resultiert aus einem abweichenden Kommunikationsbereich, der in Anhängigkeit vom Kommunikationsgegenstand entweder innerhalb der Grenzen des Faches liegt oder diese Grenzen im Zuge der „Mechanisierung des Alltags"/„Technisierung der Welt" (Jakob 1991: XII) überschreitet.

Fachinterne Anleitungen werden im weitesten Sinne für Produkte geschrieben, mit denen Fachleute im Rahmen ihrer beruflichen Tätigkeit umgehen, vielfach industrielle Investitionsgüter, zu denen Nichtfachleute keinen Zugang haben. Baumann weist darauf hin, dass der Adressatenbezug Konsequenzen für die Textproduktion haben muss:

> Der Fachtext ist in einer bestimmten Weise sozial markiert, denn der Textproduzent besitzt eine klare Vorstellung vom zu erreichenden Adressatenkreis und von dessen Präsuppositionen. (Baumann 1992: 178)

In diesem Sinne darf der Produzent von Anleitungen zu Investitionsgütern grundsätzlich davon ausgehen, dass seine Adressaten Fachleute sind. Der Textproduzent kann in diesem Fall eine technische Qualifikation und günstigstenfalls Erfahrungen seiner Adressaten mit vergleichbaren Produkten unterstellen. Er kann also auf die Vermittlung technischen Grundlagenwissens verzichten, muss sich aber sehr ausführlich und präzise zu den Besonderheiten äußern, die unübliches Verhalten verlangen, denn „Anleiten" drückt nach Brendl/Brendl (1991: 43) „die Obhutspflicht dessen aus, der kraft umfassenderer Erfahrung und tieferer Einblicke den Partner vor dessen Unvermögen zu schützen vermag". Zentrales Thema ist dabei die Sicherheit:

> Anleitungen sind keine Zubehörteile zur Verbesserung des Produktes; sie sind vielmehr Bestandteil und Ausdruck des Sicherheits-Systems „Hersteller-Produkt-Anwender-Umwelt". – Die Betriebs-Anleitung stellt nämlich im hier gewählten Sprachgebrauch die produktbegleitende hinweisende Sicherheit des Herstellers dar (ebd.: 45).

Die Adressaten einer Anleitung sind (fachintern wie fachextern) üblicherweise Kunden des Senders, der ihnen gegenüber keinerlei Weisungsbefugnis hat. Vielfach wird deshalb versucht, die Adressaten dadurch zur Beachtung der Anleitung zu bewegen, dass der Sender seine Haftung für Schäden infolge Nichtbeachtung ausschließt.
Dagegen ist z.B. der Verfasser von Anleitungen für Haushaltsgeräte gesetzlich verpflichtet, als Adressaten Nicht-Fachleute in den Bereichen Maschinenbau/ Elektrotechnik/Elektronik anzunehmen. Zudem muss er nach Brendl/Brendl (1991: 21) u.a. „die Aufnahmefähigkeit der potenziellen Benutzer" berücksichtigen, da Rezipienten u.U. nur beschränkt an der Kommunikation mitwirken:

> In der Gebrauchsanleitung will ein Leser typischerweise nicht lesen, sondern einen schnellen Handlungserfolg verbuchen, steht somit unter Handlungsdruck. [...] Die Lesequalität in der Gebrauchsanleitung ist demnach typischerweise schlecht, d.h. der Leser ist anfällig für Informationsverlust durch Überlesen oder Missverstehen. (Lehrndorfer 1999: 42)

Zur leichteren Verständlichkeit von Gebrauchsanleitungen werden empfohlen:

(1) ein hohes Maß an Einfachheit;
(2) ein hohes Maß an Gliederungsordnung;
(3) ein mittleres bis mäßiges Maß an Kürze und Prägnanz und
(4) ein mittleres bis hohes Maß an zusätzlicher Stimulanz (Werner/Heyne 1987: 32).

Weitere Anforderungen an eine Gebrauchsanleitung gelten

* allgemein im Hinblick auf Verständlichkeit, Einfachheit, Klarheit, Ordnung und Übersicht – also im Hinblick auf die Sicherheit der Informationsvermittlung;

* und dann hinsichtlich bestimmter Informationen, wie Hinweise auf den Verwendungszweck und Warnung vor Gefahren und Missbrauch.

Sokolova-Dontscheva weist darauf hin, dass in einer Gebrauchsanleitung außer den primären Zielen auch Nebenziele verfolgt werden. Sie nennt drei Gruppen:

1. Zusätzliche Tipps zu Stoffen, die mit dem Produkt verarbeitet werden oder zusammen mit dem Produkt verwendet werden, z.B. Tipps zur Benutzung und Aufbewahrung von Kassetten bei einem Kassettenrecorder,
2. Gesundheitsbezogene Informationen und wissenschaftliche Erkenntnisse, z.B. bei einem Entsafter und
3. Informationen zu Zubehör und anderen Geräten desselben Herstellers. (Sokolova-Dontscheva 1990: 693).

In der Gegenwart gelten Gebrauchsanleitungen als ein Massenkommunikationsmittel. Sie dienen damit in der technisierten Gesellschaft, von der in der Einleitung die Rede war (Ropohl 1988: 84), der Orientierung ihrer Mitglieder und der Techniksozialisation.
Gebrauchsanleitungen treten natürlich im fachinternen Bereich auch in sehr geringen Stückzahlen auf und wären somit nicht als Massenkommunikationsmittel zu werten. Die für diese Arbeit ausgewählten Exemplare erfüllen jedoch die Kriterien von Massentexten, da sie zusammen mit Massenprodukten verbreitet werden.
Als typische Beispiele fachextern orientierter Gebrauchsanleitungen werden in der vorliegenden Arbeit Gebrauchsanleitungen für Haushaltsmaschinen herangezogen.
Wie oben dargelegt, handelt es sich bei Gebrauchsanleitungen für Haushaltsgeräte um ein weitverbreitetes und alltägliches Erzeugnis. Die alltagspraktische Bedeutsamkeit dieser Textsorte dürfte nunmehr unbestritten sein. Das bedeutet allerdings nicht, dass Gerätebeschreibungen, Montageanleitungen und sonstige Beschreibungen komplexer technischer Systeme in der Regel sprachlich verständlich sind. Vor allem wenn es sich um gleiche Gebrauchsanleitungen desselben Geräts handelt, die in zwei unterschiedlichen Sprachen verfasst sind, wird

die Angelegenheit virulent. Im folgenden Kapitel sollen die mono- und multilingualen Gebrauchsanleitungen sowohl in der deutschen als auch in der türkischen Sprache auf der Ebene des Textes und der Syntax analysiert werden.

II. TEIL:

EMPIRISCHE UNTERSUCHUNG

3 Analyse der deutsch- und türkischsprachigen Gebrauchsanleitungen

3.1 Korpus und statistische Befunde

Das Korpus der vorliegenden Arbeit besteht aus mono- und multilingualen deutsch- und türkischsprachigen Gebrauchsanleitungen für Weiße Ware (Haushaltsgeräte) der Gegenwart, die fachexterne Laien zur Zielgruppe haben.
Als Analysegegenstand werden Gebrauchsanleitungen für Kühlschränke, Geschirrspüler, Herde/ Backöfen und Wäschetrockner verwendet.
Die Festlegung auf technische Laien als Adressatengruppe bedeutet ferner, dass Anleitungen, die sich ausdrücklich an einen Fachmann richten, sog. fachinterne Gebrauchsanleitungen, nicht berücksichtigt werden. Solche fachinternen Texte sind zum größten Teil Montageanleitungen von Geräten großer Fabriken. Bei der Auswahl der fachexternen Gebrauchsanleitungen für das Korpus wurden größere Unternehmen berücksichtigt. Kleinere Unternehmen geben die Übersetzung der Gebrauchsanleitungen bzw. die technische Dokumentation häufig an ihre großindustriellen Abnehmer oder sie beauftragen externe Dienstleister mit der Erstellung ihrer Dokumentation, zumindest verfügen sie über keine eigene Abteilung für den Übersetzungsdienst. Zusätzliches Kriterium war, dass der Hersteller zumindest eine größere Niederlassung in Deutschland und/ oder der Türkei besitzt. Auf diese Weise lässt sich hoffen, dass offensichtliche Interferenzen durch Übersetzungsfehler verhindert werden.
Für die Analyse der Gebrauchsanleitungen wurden einerseits monolinguale Gebrauchsanleitungen, also Gebrauchsanleitungen von Unternehmen, die sich hauptsächlich auf dem deutschen bzw. türkischen Markt bewegen, andererseits multilinguale Gebrauchsanleitungen, also Gebrauchsanleitungen von Firmen, die sich sowohl auf dem nationalen als auch auf dem internationalen Markt bewiesen haben, benutzt.
Für die monolingualen Gebrauchsanleitungen des türkischen Marktes wurden Untersuchungsmaterialien der Firmen *Arçelik* und *Beko* herangezogen. Für die monolingualen Gebrauchsanleitungen der deutschen Unternehmen wurden Materialien der Firmen *Privileg* und *Bauknecht* berücksichtigt.

Als Untersuchungsgegenstand für die multilingualen Gebrauchsanleitungen wurden Gebrauchsanleitungen der Firmen *Bosch* und *Siemens* verwendet.
Bevor im Weiteren auf die quantitativen und qualitativen Aspekte der Gebrauchsanleitungen eingegangen wird, soll an dieser Stelle die Gelegenheit ergriffen werden, einen Überblick über das Gesamtkorpus zu geben:

Monolinguale Gebrauchsanleitungen:

Deutschsprachige Gebrauchsanleitungen					
Bauknecht			**Privileg**		
Kühlschrank		**Seiten**			**Seiten**
1	KGE 4382a	6	1	prc-330wa	9
2	KGE 3382a	6	2	prc-331w	9
3	KG 2182a	6	3	prc-380wa	9
4	KG 305a	6	4	prc-381	9
Seitenanzahl		**24**	**Seitenanzahl**		**36**
Herd/Backofen		**Seiten**			**Seiten**
1	BMV 6200 in	16	1	pccf-30201051-w	25
2	ELVE 8160 pt	18	2	pccf-30201061-w	28
3	ELPE 8160 pt	18	3	pccf-50201251-w	25
4	ELV 8260 pt	18	4	pccf-50201251x	25
Seitenanzahl		**70**	**Seitenanzahl**		**103**
Geschirrspüler		**Seiten**			**Seiten**
1	GSIK 5020 SD IN	8	1	pdsf-5232-1-s	8
2	GSIP 6143	8	2	pdsf-5232-1-w	8
3	GSXK 5220 SD	8	3	pdsi-6232-1-x	8
4	GSXP 6141	8	4	pdsx-6232-1-x	8
Seitenanzahl		**32**	**Seitenanzahl**		**32**
Wäschetrockner		**Seiten**			**Seiten**
1	TK CARE 61 B DI	12	1	pwd-1646	23
2	TK PLAT. 81 B BW	12	2	pwc-1716	12
3	TK PLUS 71B DI	12	3	pwc-1705	9
4	TK PLUS 81B SD	12	4		
Seitenanzahl		**48**	**Seitenanzahl**		**44**
Gesamtanzahl der Gebrauchsanleitungen					31
Gesamtseitenanzahl:					389

Türkischsprachige Gebrauchsanleitungen					
Arçelik			**Beko**		
Kühlschrank		**Seiten**			**Seiten**
1	4022TY	21	1	D9546NEG	25
2	4263N	23	2	B9426NM	24
3	4022TN	21	3	B9460NM	25
4	4264N	23	4	D9485NEXK	26
Seitenanzahl		**88**	**Seitenanzahl**		**100**
Herd/Backofen		**Seiten**			**Seiten**
1	9240H	36	1	CDF62020DWN	36
2	9440H	36	2	CSF62020DSL	36
3	9440HS	36	3	CSE62120DWL	36
4	9540HDG	36	4	CDF62020DWL	36
Seitenanzahl		**144**	**Seitenanzahl**		**144**
Geschirrspüler		**Seiten**			**Seiten**
1	6220 FT	27	1	D2-2001	26
2	6239-HI	26	2	D3-3001	26
3	6232-HSY	28	3	D-4001-EY	27
4	6242-HY	28	4	D1-4001-EI	28
Seitenanzahl		**109**	**Seitenanzahl**		**107**
Wäschetrockner		**Seiten**			**Seiten**
1	3883KT	36	1	D-70-KT	28
2	3885KT	36	2	D-81-HPE	36
3	2772KT	28	3	D-80-EK	28
4	3885KR	36	4	D1-70-K	28
Seitenanzahl		**136**	**Seitenanzahl**		**120**
Gesamtanzahl der Gebrauchsanleitungen					32
Gesamtseitenanzahl:					948

Tab. 19: Monolinguale deutsch- und türkischsprachige Gebrauchsanleitungen

Multilinguale Gebrauchsanleitungen:

Deutschsprachige Gebrauchsanleitungen					
Bosch			**Siemens**		
Kühlschrank		**Seiten**			**Seiten**
1	KDN40V03NE	15	1	KI38LA65	19
2	KDN40X73NE	15	2	KD52VX00NE	18
3	KDN60V10NE	11	3	KD52VX60NE	18
4	KDN45X63NE	15	4	KD75NA10NE	14
Seitenanzahl		**56**	**Seitenanzahl**		**69**
Herd/ Backofen		**Seiten**			**Seiten**
1	HBG43S460E	24	1	HB77AA560S	36
2	HBG76B650	36	2	HB953R50	40
3	HBR36B650	36	3	HE36BD561	36
4	HEA33B550	28	4	HB73GB550	28
Seitenanzahl		**124**	**Seitenanzahl**		**140**
Geschirrspüler		**Seiten**			**Seiten**
1	SMI69U75EU	44	1	SN26T552EU	31
2	SMI69T55EU	32	2	SN66M095EU	30
3	SMI58M95EU	30	3	SN45M589EU	28
4	SMV69M40EU	30	4	SK26E800EU	24
	Seitenanzahl	**136**		**Seitenanzahl**	**113**
Wäschetrockner		**Seiten**			**Seiten**
1	WTE84101	8	1	WT46W561	10
2	WTW86562	10	2	WT46S513	8
3	WTE86303	8	3	WT46E303	8
4	WTS8651	8	4	WT44E301	8
	Seitenanzahl	34		**Seitenanzahl**	**34**
Gesamtanzahl der Gebrauchsanleitungen					32
Gesamtseitenanzahl:					706

Türkischsprachige Gebrauchsanleitungen					
Bosch			**Siemens**		
Kühlschrank		**Seiten**			**Seiten**
1	KDN40V03NE	15	1	KI38LA65	19
2	KDN40X73NE	15	2	KD52VX00NE	18
3	KDN60V10NE	11	3	KD52VX60NE	18
4	KDN45X63NE	15	4	KD75NA10NE	14
Seitenanzahl		**56**	**Seitenanzahl**		**69**
Herd/ Backofen		**Seiten**			**Seiten**
1	HBG43S460E	24	1	HB77AA560S	36
2	HBG76B650	36	2	HB953R50	40
3	HBR36B650	36	3	HE36BD561	36
4	HEA33B550	28	4	HB73GB550	28
Seitenanzahl		**124**	**Seitenanzahl**		**140**
Geschirrspüler		**Seiten**			**Seiten**
1	SMI69U75EU	42	1	SN26T552EU	31
2	SMI69T55EU	32	2	SN66M095EU	32
3	SMI58M95EU	30	3	SN45M589EU	30
4	SMV69M40EU	32	4	SK26E800EU	24
Seitenanzahl		**136**	**Seitenanzahl**		**117**
Wäschetrockner		**Seiten**			**Seiten**
1	WTE84101	8	1	WT46W561	10
2	WTW86562	10	2	WT46S513	8
3	WTE86303	8	3	WT46E303	8
4	WTS8651	8	4	WT44E301	8
Seitenanzahl		**34**	**Seitenanzahl**		**34**
Gesamtanzahl der Gebrauchsanleitungen					32
Gesamtseitenanzahl:					710

▲ Tab. 20: Multilinguale deutsch- und türkischsprachige Gebrauchsanleitungen

▼ Tab. 21: Statistische Angaben zum Korpus

Im Überblick:

Gebrauchsanleitungen		Seitenanzahl	Satzanzahl
Monolingual – türkisch	Arçelik & Beko	948 Seiten	14.486
Monolingual – deutsch	Bauknecht & Privileg	389 Seiten	7.445
Multilingual – türkisch	Bosch & Siemens	710 Seiten	13.427
Multilingual – deutsch	Bosch & Siemens	706 Seiten	13.342
Gesamtseitenanzahl der **türkischsprachigen** Gebrauchsanleitungen		1658 Seiten	27.913
Gesamtseitenanzahl der **deutschsprachigen** Gebrauchsanleitungen		1095 Seiten	20.787
Gesamtseitenanzahl des **GESAMTKORPUS**		2753 Seiten	48.700

Mit Rücksicht auf den begrenzten Umfang dieser Untersuchung können insgesamt 63[14] deutsche und 64 türkische Gebrauchsanleitungen behandelt werden. Dazu wird eine Materialgrundlage von insgesamt 127 Gebrauchsanleitungen und 2753 Seiten mit insgesamt 48.700 Sätzen herangezogen. Die Gebrauchsanleitungen stammen von den jeweiligen Web-Seiten der Firmen[15].

Die im Rahmen dieser Arbeit vorgenommene empirische Untersuchung basiert, wie oben erwähnt, auf einer quantitativen und einer qualitativen Analyse. Bei der Auswahl der Gebrauchsanleitungen wurde versucht, den Status des Stichprobenwerts aufrechtzuerhalten. Um generalisierbare Aussagen treffen zu können, wurden zunächst vier gängige Haushaltsgeräte ausgewählt, zu denen jeweils vier Gebrauchsanleitungen betrachtet wurden, so dass insgesamt 127 Gebrauchsanleitungen von 6 Unternehmen vorliegen. Vor dem Hintergrund der synchronischen und kontrastiven Analyse der Gebrauchsanleitungen wurde bei der Auswahl der Texte versucht, eine annähernde Äquivalenz des sprachlichen Materials zu erreichen. Durch das Heranziehen einer umfangreich angelegten Stichprobenauswahl an Fachtexten soll ein hoher Anspruch auf Allgemeingültigkeit erreicht werden.

Die Daten des Korpus konnten leider nicht für alle Weißen Waren (Haushaltsgeräte) beschafft werden. Besonders die stilistische Gestaltung der Gebrauchsanleitungen von Waschmaschinen und die geringere Anzahl von Anleitungen für Wäschetrockner, vor allem auf dem türkischen Markt, waren äußerst problematisch. Aus diesem Grund werden in die statistische Auswertung

---

[14] Die leicht geringere Zahl deutschsprachiger Gebrauchsanleitungen (63 vs. 64) im Gesamtkorpus ist dadurch begründet, dass bei der Firma Privileg nur für drei Wäschetrockner eine Gebrauchsanleitung zur Verfügung stand.

[15] Web-Adressen:
Bosch-Türkiye:https://portal.bsh-partner.com/portal%28bD1kZSZjPTAwOQ==%29/PORTALFRAME.HTM
Siemens-Türkiye:https://portal.bsh-partner.com/portal%28bD1kZSZjPTAwOQ==%29/PORTALFRAME.HTM
Arçelik: http://www.arcelik.com.tr/default.aspx?lang=tr-TR
Beko: http://www.beko.com.tr/default.aspx?lang=tr-TR
Privileg: http://www.privileg.de/service/bedienungsanleitungen.html
Bauknecht:
http://www.bauknecht.de/kundencenter_bedienungsanleitungen_bedienungsanleitungen.content.html

nur jeweils vier Gebrauchsanleitungen für Wäschetrockner der Hersteller und keine Gebrauchsanleitungen für Waschmaschinen mit einbezogen.
Die Beschaffung der Texte in der erforderlichen Menge war ebenfalls nicht ganz unproblematisch, da die Gebrauchsanleitungen hauptsächlich via Internet oder durch Anfragen beim jeweiligen Hersteller beschafft werden mussten.
Die Darstellung der Daten erfolgt auf jeweils zwei unterschiedlichen Angaben. Zunächst werden die Werte in absoluten Zahlen wiedergegeben. Diese Daten werden je nach der Art der vorliegenden Daten schließlich noch von Fall zu Fall durch weitere Analysen ergänzt. Insbesondere bei der Anwendung statistischer Verfahren ist ferner zu beachten, dass versucht wurde, bei der Analyse von einem homogenen Ganzen auszugehen. Aufgrund der unterschiedlichen kommunikativen Funktionen der Textteile muss davon ausgegangen werden, dass sich diese auch in der Frequenz bestimmter sprachlicher Phänomene unterscheiden. Auszählungen, bei denen Texte als Ganzes betrachtet werden, ohne dass zwischen ihren Textteilen differenziert wird, liefern nur ungenaue, stark verallgemeinernde Ergebnisse. Um derartige Verallgemeinerungen zu vermeiden, beschränkt sich diese Arbeit bei denjenigen Analysen, bei denen statistische Verfahren angewandt werden, auf die Auszählung des **reinen Textes** und lässt deren **Überschriften**, **Bilder** und **Tabellen** sowie **Diagramme unberücksichtigt**. Dieser Vorgehensweise liegt die Annahme zugrunde, dass der reine Text in einer Gebrauchsanleitung noch relativ einheitlich strukturiert sein dürfte.

3.2 Methodisches Vorgehen

Sowohl bei der Makrostruktur dieser Arbeit als auch bei der Struktur innerhalb der einzelnen Kapitel wurde als Leitlinie angestrebt, vom Allgemeinen zum Speziellen, vom Globalen zum Detail vorzugehen, also „mehr und mehr über weniger und weniger" zu bieten: Wie in der Fotografie beginnt die Arbeit mit einem Weitwinkel-Panorama und „zoomt" dann durch Einengung des Blickwinkels und Annäherung an unsere Beobachtungsobjekte zu den Detailansichten. Konkret von den türkischen und deutschen Originalen ausgehend, verfolgt diese Arbeit unter Bezugnahme auf die jeweiligen Kulturzusammenhänge die übergeordnete Zielsetzung, kulturelle, sprach- und übersetzungswissenschaftliche

Charakteristiken der Gebrauchsanleitungen greifbar zu machen und in dieser Weise einen Beitrag zur interkulturellen Kommunikation zu leisten.

Bei der Bestimmung der Untersuchungskategorien folgt die Arbeit den in der Erforschung von Gebrauchsanleitungen vorwiegend angewandten Analysekriterien von Göpferich (1995), Horn-Helf (2010) und Nickl (2001), die vom Text als oberster Sprachebene aus „in deszendenter Richtung bis zur Ebene des Wortschatzes“ vorgehen und solche Analysekriterien wählen, „die nach Ergebnissen vorangegangener Forschung einen Beitrag zur Textsortendifferenzierung leisten können“. Diese Vorgehensweise in deszendenter Richtung geht auf Hoffmanns „kumulative Textanalyse“ (1983: 63) zurück. Unter kumulativer Analyse wird die Integration aller wichtigen distinktiven Merkmale auf den einzelnen Ebenen der sprachlichen Hierarchie in absteigender Richtung von den Makrostrukturen und Vertextungsmitteln über die Syntax und Lexik bis zu den grammatischen Kategorien und den sie repräsentierenden Morphemen verstanden.

Wie aus der in der Einleitung genannten Zielstellung hervorgeht, konzentriert sich die nachfolgende Analyse deutsch- und türkischsprachiger Gebrauchsanleitungen zunächst auf die **Textebene** und die **Satzebene** der fachexternen schriftlichen Kommunikation.

Eine Analyse der Textsorten auf textsortenspezifische Besonderheiten in der **Lexik** wird in dieser Arbeit **ausgeklammert**, da die Lexik (Terminologie) jahrelang im Vordergrund der Fachsprachenforschung stand, zu diesem Bereich bereits zahlreiche, wenn auch keine primär textsortenorientierten, Untersuchungen vorliegen und die zusätzliche Untersuchung der Ebene „Lexik“ den Rahmen dieser Arbeit sprengen würde[16].

3.3 Die Ebene des Textes

Bis in die 80er Jahre des 20. Jahrhunderts hinein konzentrierte sich die Fachsprachenforschung, wie oben erwähnt, im Wesentlichen auf die Fachlexik und schließlich auch auf die Fachsyntax. Erst dann wandte man sich der Textebene zu. Kalverkämpers Aufsatz “Textuelle Fachsprachen-Linguistik als Aufgabe”

[16] Zur Bedeutung und Problematik der türkischen und deutschen Terminologie in Fachtexten s. Gündoğdu (2007) und Öncü (2012).

(1983) wird in der Disziplingeschichte als Markstein für den Übergang einer damals noch sehr stark lexikologisch orientierten hin zu einer textorientierten Fachsprachenforschung angesehen und gemeinsam mit seinem Beitrag "Vom Terminus zum Text" (1987) als Beginn einer konsequent textlinguistischen Fachkommunikationsforschung geschätzt:

> Der Text in seinem konkreten Vorkommen, also als reales Phänomen der Parole (Textexemplar) wie auch ‚Text' in seiner Abstraktivität, also als systematische Einheit der Langue, muß die alleinige und ausschlaggebende Basis für Aussagen über ‚die Sprache' und damit auch über ‚die Fachsprache(n)' sein. (Kalverkämper 1983: 126)

Ausgehend von den Erkenntnissen Kalverkämpers, soll im Weiteren die Gebrauchsanleitung als „Text" auf den unterschiedlichen Ebenen detailliert bearbeitet werden. Bei der kontrastiven Textanalyse von Gebrauchsanleitungen kommen die folgenden drei Analysekriterien besonders häufig zur Geltung:

- *Makrostruktur,*
- *Personeneinbezug* und
- *Sprechakte.*

Diese Kriterien werden in den folgenden Kapiteln ausführlich erläutert und gleichzeitig als Analysegrundlage für die Untersuchung der Gebrauchsanleitung als interlingualer Fachtextsorte verwendet. Im folgenden Abschnitt soll die Analyse der *Makrostruktur* von mono- und multilingualen deutsch- und türkischsprachigen Gebrauchsanleitungen Weißer Ware (Haushaltsgeräte) dargelegt werden.

3.3.1 Makrostruktur

„Warum?" so fragen die Hamburger Psychologen Langer/Schulz v. Thun/ Tausch „sind viele Texte so schwer zu verstehen?" Ihre Antwort (1993: 8):

> „Wenn ein Text schwer zu verstehen ist, so liegt das in den wenigsten Fällen an seinem Inhalt. Der Inhalt ist meistens gar nicht so kompliziert. Er wird erst kompliziert gemacht – durch eine schwer verständliche Ausdrucksweise. […]. Schwerverständlichkeit beruht weniger auf dem *Was*, sondern auf dem *Wie*, nicht auf dem Inhalt, sondern auf der Form eines Textes."

Zur Form eines Textes gehört auch die gewählte Reihenfolge der einzelnen Textteile. Die Bestimmung der einzelnen Teiltexte im Rahmen eines Gesamttexts wird als *Makrostruktur* bezeichnet, die Hoffmann (1988: 163) wie folgt definiert:

> Ein wesentliches Merkmal von Fachtexten ist ihre Makrostruktur. Wir wollen darunter zunächst – in bewusster Vereinfachung gegenüber anderen Autoren – die gedankliche Gliederung des Textes verstehen, die an der Textoberfläche als lineare Abfolge von Textteilen mehr oder weniger deutlich zum Ausdruck kommt, worauf wohl die Funktionalstilistik mit ihrer Forderung nach „logischer Folgerichtigkeit" angespielt hat.

Auch in weiteren Definitionen zur Makrostruktur, die nach Gläser (1990: 55) „das konventionalisierte Textablaufschema" darstellt, wird die „lineare Abfolge" der Textteile betont, z.B.:

> Angesichts dieses umfassenden Ansatzes wird die Makrostruktur von Fachtexten als ein linear-sequentiell geordnetes und hierarchisch organisiertes System von Beziehungen zwischen den Teilen und Elementen des Textes bestimmt. (Baumann 1992: 82)

> Unter ‚Makrostruktur' verstehe ich die hierarchische und lineare Gliederung eines Textes in Textteile, denen eine aus ihrer sprachlichen Substanz sowie ihrem Kontext abstrahierte Bedeutung zukommt.
> (Schmidt 1996: 432)

Wie im obigen Zitat von Baumann (1992: 82) erwähnt, wird die Makrostruktur von Fachtexten als „ein linear-sequentiell geordnetes und hierarchisch organisiertes funktionales System von Beziehungen, Teilen und Elementen des Textes" betrachtet. In diesem Zusammenhang werden Textstrukturen häufig als Textbaupläne bezeichnet und dargestellt. Textbaupläne sind je nach Kommunikationsbereich mehr oder weniger konventionalisierte Handlungsmuster, die zur Erfüllung der kommunikativen Funktion der jeweiligen Textsorte einen wichtigen Beitrag leisten. Sie stellen eine Art Raster für die Systematisierung und Präsentation von Informationen dar und rufen bestimmte Erwartungshaltungen beim Rezipienten hervor (Göpferich 2006: 30).

Textbaupläne können obligatorische und fakultative Teiltexte aufweisen. Bei einer Gegenüberstellung der Flexibilität der Makrostrukturen lassen sich deutliche Unterschiede zwischen den Textsorten feststellen. Beispielsweise weisen Patentschriften eine völlig feste Makrostruktur auf, die sowohl konventionell, als auch gesetzlich bestimmt ist (Arntz 2001: 55f.; Göpferich 2006: 29). Feste Makrostrukturen haben den Vorteil, dass sie zur Herausbildung von Erwartungshaltungen beim Leser führen. Sobald der Leser erkennt, welche Textsorte ihm vorliegt, aktiviert diese Textsorte in seinem Gedächtnis das entsprechende Makrostrukturschema, sofern er mit der Textsorte vertraut ist. Beim Lesen beginnt der Leser dann damit, die ,Leerstellen' in diesem Makrostrukturschema mit den Informationen, die er aus dem Text aufnimmt, auszufüllen. Dabei leitet er aus dem Makrostrukturenschema auch Fragen ab, die er an den Text stellt. Die Makrostruktur liefert ihm quasi das Strukturgerüst, in das er die Informationen, die ihm im Text vermittelt werden, einordnen kann. Dabei fällt diese Einordnung dem Leser umso leichter, je genauer sich der Autor an die für die Textsorte übliche Makrostruktur hält (vgl. Kösler 1992: 76) und je starrer die Makrostruktur für die betreffende Textsorte ist.

Wie ist aber die Gestaltung der **Makrostruktur von Gebrauchsanleitungen**? Unterliegt der Aufbau der Gebrauchsanleitungen bestimmten Konventionen? Ist die Makrostruktur eher makrokulturell oder mikrokulturell festgelegt?

Textsorten haben charakteristische Merkmale, anhand derer sie identifiziert werden können. Diese Merkmale sind *a priori* kulturspezifisch. Dennoch sollte bedacht werden, dass die gleichen Textsorten in unterschiedlichen Kulturen gleiche oder ähnliche Merkmale haben können, also *interkulturell* sein können. In der Regel muss der für die Zielkultur produzierte Text die Merkmale aufweisen, d.h. denjenigen Konventionen entsprechen, die in der Zielkultur für Texte der fraglichen Textsorte auf dem konkreten Gebiet gelten. Zu diesen Merkmalen gehört auch die Makrostruktur eines Texts, d.h. die Gliederung des Gesamttexts in Teiltexte und deren Abfolge (Schmitt 1999: 181). So unterscheidet sich z.B. die Makrostruktur deutscher Urteilserklärungen von derjenigen türkischer Urteilserklärungen: Im Deutschen steht die Urteilsbestimmung am Anfang (am Beginn des Haupttexts) und die Begründungen der Urteilsbestimmung folgt erst darauf, im Türkischen ist es umgekehrt: zunächst werden die Begründungen aufgelistet und erst dann folgt die Urteilsbestimmung.

Das bedeutet, dass die Makrostruktur einer Fachtextsorte das konventionalisierte Textablaufschema ist, das aus einer hierarchischen, aber in Grenzen flexiblen, Anordnung inhaltlich und funktional invarianter Textelemente zur gedanklich-sprachlichen Entfaltung eines fachbezogenen Themas besteht und das das strukturelle Gerüst der Fachtextsorte bildet (vgl. Göpferich 1995: 215).

Gebrauchsanleitungen von Weißer Ware (Haushaltsgeräten) sprechen als *produktbegleitende Texte* (Göpferich 1995: 140) von Massenwaren eine sehr heterogene Anwendergruppe an. Aus diesem Grund trägt die treffende Strukturierung eines Textes wesentlich seiner Verständlichkeit bei und erfüllt damit eines der wichtigsten Bedürfnisse, die an die Textproduktion zu stellen sind. Des Weiteren sind Inhalte und Ausführlichkeit von Gebrauchsanleitungen stark abhängig vom Produkt, das sie dokumentieren, und dem Kenntnisstand der Benutzer, an die sie sich richten. Dabei ist zu bedenken, dass Gebrauchsanleitungen oftmals von einer Rezipientengruppe mit sehr inhomogenem Vorwissen genutzt werden. Für einen fortgeschrittenen Benutzer, der zufällig an der Stelle etwas nachschlägt, an der auch die Erklärung für einen bestimmten Ausdruck erscheint, stellt diese Erklärung u.U. eine überflüssige Erschwerung dar (Göpferich 2006: 38).

Wenn man sich auf die Makrostruktur von Gebrauchsanleitungen der vorliegenden Untersuchung konzentriert, so kann man feststellen, dass es sich hier um Anleitungen für Produkte handelt, die relativ leicht zu bedienen sind und von Personen ohne spezielle Fachkenntnisse in Bezug auf das Produkt verwendet werden. Anleitungen für komplizierte Geräte, speziell solche, die von Fachleuten am Arbeitsplatz eingesetzt werden, sind in der Regel ausführlicher und stärker gegliedert.

Gebrauchsanleitungen sollen allerdings nicht nur in Bezug zum Kenntnisstand der Benutzer, sondern auch gemäß den Bedürfnissen der Rezipienten strukturiert werden. Die Strukturierung der „Wissenseinheiten“ nennen Ballstaedt et al. (1981: 163) „gebrauchsorientierte Sequenzierung“. Entsprechend ist die Strukturierung einer Anleitung als misslungen anzusehen, wenn die „Wissenseinheiten“ nicht so aufeinander folgen, wie der Rezipient sie benötigt, d.h. „wenn die Informationsabfolge nicht dem tatsächlichen Umgang mit dem Gerät entspricht“ (Beimel/Maier 1988: 40). Auch Pichler (1994: 35) formuliert für die Sequenzierung der Gebrauchsanleitungen die Forderung: „Schreiben Sie die Anleitungsschritte in der Reihenfolge der erforderlichen Handlungsschritte“.

Göpferich (1995: 102), Schmidt (1996: 432) und Nickl (2001: 254) halten für die Makrostruktur von Gebrauchsanleitungen folgende Sequenzierung für zweckmäßig:

Göpferich (1995: 102)	**Schmidt (1996: 432)**	**Nickl (2001: 254f.)**
I. Bibliographische und Werksangaben	1. Undeklinierter Vorspann	1. Gerätebeschreibung
Copyright-Hinweise	2. Einleitung/ Allgemeines	2. Betrieb
Vorbehalt von Änderungen	3. Inhaltsverzeichnis	3. Garantie
II. Allgemeine Informationen	4. Verwendungszweck	4. Inhaltsverzeichnis
III. [Inhaltsverzeichnis]	5. Technische Daten	5. Kundenhinweise
IV. Haupttext	6. Lieferumfang	6. Lesemotivation
IV.1 [Technische Daten]	7. Entsorgung (Altgerät und Verpackung) / Umweltschutz	7. Montage
IV.2 [Lieferumfang]	8. Aufstellung/ Montage	8. Störungen
IV.3 [Sicherheitshinweis]	9. Elektrischer Anschluss	9. Technische Daten
IV.4 [Inbetriebnahme]	10. Sicherheitshinweis	10. Tipps
IV.5 [Bedienung]	11. Anlieferung/Transport	11. Warnzeichen
IV.6 [Wartung und Pflege]	12. Sparhinweis/Umweltschutz	12. Wartung und Pflege
IV.7 [Sonderzubehöre/Ersatzteile]	13. Beschreibung von Konstruktion und Funktion	13. Werbung
IV.8 [Behebung von Störungen]	14. Inbetriebnahme	14. Zusatzgeräte
IV.9 [Außer-Betrieb-Setzen]/ [Transport]	15. Tipps zur Benutzung	
V. [Rezepte]/ [Tipps zum Gerät]	16. Bedienung	
VI. [Hinweise für den Fachmann]	17. Abschalten	
VII. [Index]	18. Pflege/Wartung	
	19. Ersatzteile/Zubehör	
	20. Störungssuche/-behebung	
	21. Wartungsprogramm	
	22. Garantie	
	23. Prüf-/Verkaufsbescheinigung	
	24. Anfordern des Kundendienst	
	25. Kontaktadressen	
	26. Garantieschein/-talons	

Tab. 22: Makrostrukturen von Gebrauchsanleitungen

Auf der Grundlage der Textablaufschemata der Textexemplare des zu bearbeitenden Korpus wurden textsortenspezifische Makrostrukturen erarbeitet, deren Textblöcke für die jeweilige Textsorte charakteristische Eigenschaften herstellen sollen. Bei der Analyse der Untersuchungsmaterialien konnten folgende Textteile ermittelt werden:

Beko[17]	**Arçelik**
1) Giriş (Einleitung)	1) Giriş (Einleitung)
[2) Genel Bilgiler (Allgemeine Informationen)]	*[2) Genel Bilgiler (Allgemeine Informationen)]*
3) İçindekiler (Inhaltsverzeichnis)	3) İçindekiler (Inhaltsverzeichnis)
4) Cihazın tanıtımı (Gerätebeschreibung)	4) Cihazın tanıtımı (Gerätebeschreibung)
5) Güvenlik Uyarıları (Sicherheitshinweise)	5) Güvenlik Uyarıları (Sicherheitshinweise)
6) Kurulum (Aufstellung)	6) Kurulum (Aufstellung)
7) Cihazın Kullanımı (Inbetriebnahme)	7) Cihazın Kullanımı (Inbetriebnahme)
[8) Öneriler (Tipps)]	8) Bakım & Temizlik (Pflege& Reinigung)
9) Bakım & Temizlik (Pflege& Reinigung)	9) Sorun Giderme (Fehlersuche/ -behebung)
10) Sorun Giderme (Fehlersuche/ -behebung)	*[10) Öneriler (Tipps)]*
11) Tüketici Hizmetleri (Kundendienst)	11) Tüketici Hizmetleri (Kundendienst)
12) Çevre Koruma (Umweltschutz)	12) Çevre Koruma (Umweltschutz)
[13) Bilgilendirme Formu (Informationsformular für den Kunden)]	*[13) Garanti Şartları (Garantiebedingungen)]*
14) Garanti Belgesi (Garantiebescheinigung)	*[14) Bilgilendirme Formu (Informationsformular für den Kunden)]*
	15) Garanti Belgesi (Garantiebescheinigung)

Tab. 23: Monolinguale türkische Gebrauchsanleitungen

Privileg	**Bauknecht**
[1) Einleitung]	*[1) Gerätenummer]*
[2) Inhaltsverzeichnis]	*[2) Sicherheitshinweise]*
[3) Umwelt]	*[3) Inhaltsverzeichnis]*
4) Allgemeines/ Tipps	*[4) Sicherheitshinweise]*
5) Sicherheitshinweise	5) Allgemeine Informationen
[6) Gerätebeschreibung]	*[6) Umwelt/ Entsorgung]*
7) Inbetriebnahme	7) Installation
8) Reinigung & Pflege	8) Inbetriebnahme
[9) Hinweise/ Tipps]	9) Tipps

[17] Kursive und in eckigen Klammern vermerkte Textteile sind entweder fakultative Textteile oder Textteile, die innerhalb der Gebrauchsanleitungen unterschiedliche Abfolgen haben.

[10) Technische Informationen]	10) Pflege& Reinigung
11) Fehlersuche/-behebung	*[11) Technische Informationen]*
12) Kundendienst	12) Fehlersuche / -behebung
[13) Installation]	13) Kundendienst
	[14) Gerätebeschreibung]
	[15) Hinweise / Tipps]

Tab. 24: Monolinguale deutsche Gebrauchsanleitungen

Siemens/ Bosch (de[18])	**Siemens/ Bosch (tr)**
1) Gerätebezeichnung / -nummer / -bild	1) Cihazın adı / -numarası / resmi
[2) Einleitung / Allgemeines]	*[2) Giriş/ Genel Bilgiler]*
3) Inhaltsverzeichnis	3) İçindekiler
[4) Entsorgung / Umwelt]	*[4) Giderme Bilgileri / Çevre]*
5) Sicherheitshinweis	5) Güvenlik Bilgileri
6) Gerätebeschreibung	6) Cihazın Tanıtımı
7) Inbetriebnahme	7) Cihazın Kullanımı
8) Pflege & Reinigung	8) Cihazın Bakımı & Temizlenmesi
[9) Tipps]	*[9) Öneriler]*
10) Fehlersuche / -behebung	10) Arızaların Giderilmesi
[11) Technische Daten]	*[11) Teknilk Bilgiler]*
[12) Optionales Zubehör]	*[12) Seçmeli Aksesuar]*
13) Kundendienst	13) Yetkili Servis
[14) Installation]	*[14) Cihazın Kurulması]*

Tab. 25: Multilinguale deutsch-türkische Gebrauchsanleitungen

Anhand der obigen Tabellen kann auf den ersten Blick festgehalten werden, dass bei der Textsorte *Gebrauchsanleitung* zwischen den deutschsprachigen und den türkischsprachigen Texten keine deutlichen Unterschiede bezüglich der Makrostruktur festzustellen sind. Sowohl mono- als auch multilinguale Gebrauchsanleitungen integrieren, auch wenn sie in unterschiedlicher Gewichtung und Reihenfolge vorliegen, nahezu alle notwendigen Textteile einer Gebrauchsanleitung.

[18] Bei der Verwendung der verschiedenen Sprachabkürzungen richtet sich die vorliegende Arbeit nach dem internationalen Standard für Sprachcodes (*ISO 639)*.

Deutlich ist in den Tabellen abzulesen, wie thematisch und funktionell untergeordnete Teiltexte – hier kursiv und in eckigen Klammern hervorgehoben – an den Rand der Anleitung gerückt werden.

Häufig besteht dabei auch kein Unterschied zwischen Anfang und Ende des Textes: *Allgemeine Hinweise, Garantiebescheinigung*[19] und *Installation* stehen üblicherweise am Anfang oder Ende des Textes;

Sicherheitshinweise, Aufstellung, Gerätebeschreibung, Inbetriebnahme und *Pflege & Wartung* bzw. *Reinigung* im Zentrum des Textes.

Für die Stellung des *Inhaltsverzeichnisses* am Anfang bzw. Ende des Textes ist natürlich die Funktion des Textteils ausschlaggebend. Es ist allerdings häufig zu beobachten, dass das *Inhaltsverzeichnis*, wenn vorhanden, meistens am Anfang des Textes steht.

Starken Variationen unterliegt die Stellung der Teiltexte *Tipps, Fehlersuche/-behebung, Technische Informationen, Kundendienst* und *Entsorgung.* Diese Teiltexte sind bezeichnenderweise enger an den thematischen und funktionalen Kern der Gebrauchsanleitung gebunden, was ihre Positionierung im Zentrum zulässt.

In den Gebrauchsanleitungen waren Konventionalisierungen bezüglich der Abfolge von Textteilen erkennbar:

Für die Hilfe bei *Fehlersuche / -behebung, Technischen Informationen* und *Kundendienst* ließ sich eine Tendenz zur Positionierung am Ende des Textzentrums erkennen,

Sicherheitshinweise und *Entsorgung* werden dagegen häufiger an den Anfang des Textzentrums gestellt.

Der Analyse der oben aufgelisteten mono- und multilingualen deutsch- und türkischsprachigen Gebrauchsanleitungen zufolge konnten die folgenden obligatorischen und fakultativen Textteile[20] ermittelt werden:

---

[19] In nahezu allen monolingual-türkischsprachigen Anleitungen ist die Garantiebescheinigung zu erkennen. Der Grund liegt darin, dass die Unternehmen dadurch das Vertrauen des Kunden zu gewinnen suchen und ihn überzeugen möchten, dass er sich bei ihnen in sicheren Händen fühlt.

[20] Obligatorische Textteile sind fett gesetzt; fakultative Textteile sind in eckigen Klammern angegeben.

[Gerätebezeichnung / -nummer /-bild]
[Einleitung/ Allgemeine Informationen]
Inhaltsverzeichnis
[Installation]
Sicherheitshinweis
Entsorgung
Gerätebeschreibung
Aufstellung
Inbetriebnahme
Reinigung& Pflege
Fehlersuche/ -behebung
Tipps
[Technische Informationen]
Kundendienst
[Garantiebescheinigung]

Tab. 26: Obligatorische und fakultative Textteile

Wie der Auflistung zu entnehmen ist, sind folgende Textteile, die prinzipiell in allen Anleitungen vorkommen, **obligatorisch**:

Inhaltsverzeichnis, Sicherheitshinweis, Entsorgung, Gerätebeschreibung, Aufstellung, Inbetriebnahme, Reinigung & Pflege, Fehlersuche / -behebung, Tipps und ***Kundendienst***.

Als **fakultative** Textteile sind folgende Elemente festzustellen:

Gerätebezeichnung / -nummer / -bild, Einleitung / Allgemeine Informationen, Installation, Technische Informationen und ***Garantiebescheinigung***.

Göpferich (1995: 102) zählt die fakultativen Elemente zu den Auxiliartexten, die dazu dienen, dem Haupttext Zusatzinformationen zu liefern. Daher sind diese Textteile in ihrer Platzierung eher variabel und können dementsprechend beliebig sowohl am Ende oder am Anfang des Textes lokalisiert werden.

Für Anleitungen kann hieraus gefolgert werden, dass diese nach Möglichkeit immer nach einem einheitlichen Schema abgefasst werden sollten, damit sich in den kognitiven Strukturen der Rezipienten für diese Textsorte allmählich entsprechende Gliederungsschemata herausbilden.

Zusammenfassend kann festgehalten werden:

Gebrauchsanleitungen besitzen obligatorische Textteile, die nicht unerlässlich kulturabhängig sind. Die obligatorischen Textteile sind im Bereich des Haupttextes, von dem bei Göpferich (1995: 102) die Rede ist, relativ einheitlich aufgebaut. Dieses Argument lässt sich vor allem an den multilingualen Gebrauchsanleitungen der Firmen *Bosch* und *Siemens*, die den internationalen Markt ansprechen, erkennen.

Obwohl man bei monolingualen Gebrauchsanleitungen erwarten würde, dass sie eher eigenkulturelle Teiltext-Eigenschaften besitzen, ist vor allem bei den türkischen Unternehmen eine Tendenz zur internationalen Gestaltung von Gebrauchsanleitungen zu beobachten. Dies lässt sich vorab an der umfangreichen Darstellung des Inhaltsverzeichnisses ermitteln.

An den Teiltexten der monolingual deutschsprachigen Gebrauchsanleitungen ist zu sehen, dass sie im Vergleich zu den monolingual türkischsprachigen und den multilingualen Texten allzu knapp aufgelistet sind. Auch die Abfolge der einzelnen Textteile in deutschsprachigen Gebrauchsanleitungen unterliegt in stärkerem Maße Variationen.

Daraus lässt sich folgern, dass bei der Makrostruktur des vorliegenden Korpus weder die makrokulturellen noch die mikrokulturellen Eigenschaften, von denen im Kulturmodell von Hofstede die Rede ist, bestimmend sind; vielmehr steht die Ebene der Unternehmenskultur im Vordergrund, da die einzelnen Firmen je nach ihrer Wahl die Reihenfolge und den Bestand der Textteile bestimmen können.

Als Fazit für die Translationspraxis können folgende Merkmale festgehalten werden:

Wie aus dem Korpus hervorgeht ist die Makrostruktur von Gebrauchsanleitungen, die darauf abzielen, den globalen Markt zu dienen, nahezu einheitlich. Dennoch können, wie oben erläutert, einzelne Unterschiede in der Gestaltung des Gesamttextes auftauchen, die aber weder makro- noch mikrokulturell bestimmt, sondern eher unternehmenskulturell geprägt sind. Für den Übersetzer

würde das bedeuten, dass er anhand der nahezu „festen“ Struktur der Gebrauchsanleitungen verhältnismäßig unschwer die Übersetzungsleistung durchführen könnte, da die Gebrauchsanleitung wiederkehrende Teiltexte beinhaltet.
Der nächste Abschnitt dieses Kapitels widmet sich dem Themenbereich „Sprechakte“.

3.3.2 Sprechakte

In diesem Abschnitt soll in den deutsch- und türkischsprachigen Gebrauchsanleitungen die Art der verwendeten Sprechakte, ihre Vorkommenshäufigkeit und ihre kulturspezifischen Hintergründe bearbeitet werden. Eine Einführung in die Sprechakttheorie ist hier selbstverständlich nicht intendiert, dennoch soll eine zweckdienliche Grundlage umrissen werden.
In der Textsorte der Gebrauchsanleitung sind im Wesentlichen zwei Arten von Informationen einbezogen: einerseits Beschreibungen des Produkts und seiner Reaktion auf bestimmte Vorgänge, die darlegen, wie das Gerät, das in der Anleitung behandelten wird, aufgebaut ist und funktioniert, sog. *Faktendarstellung*, und anderseits Anleitungen oder Anweisungen, sog. *Instruktionen*, denen der Leser entnehmen kann, wie er vorgehen muss, um eine bestimmte Reaktion des Gerätes zu bewirken (Göpferich 2006: 58). Die Unterschiede zwischen *Faktendarstellung* und *Instruktion* sind Gegenstand der Sprechakttheorie, die von John Austin und seinem Schüler John Searle begründet wurde. Der Sprechakttheorie liegt die Idee zugrunde, dass man mit seinen Äußerungen Handlungen vollzieht.
Bevor die einzelnen Sprechaktklassen ausführlich dargelegt werden, soll zunächst der Terminus *Sprechakt* kurz behandelt werden. Sprechakte sind Äußerungen, die im Rahmen einer bestimmten Situation eine kommunikative Funktion erfüllen, z.B. Aussage, Frage oder Aufforderung. Sie sind also kommunikativ definiert und daher nicht zu verwechseln mit Satzarten, wie Aussagesatz, Fragesatz oder Aufforderungssatz, die grammatisch definiert sind (Schreiber 2004: 52). Sie bezeichnen sozusagen ein Segment der Rede, also eine situativ-intentionale und bedeutungsvolle artikulatorisch-akustische Einheit, die die Sprecher und Hörer in einer bestimmten Situation durch für beide gleiche Bedeutungen verbindet. Demnach liegt ein Sprechakt immer dann vor, wenn ein

Mensch zu einem anderen etwas sagt. Der Sprechakt wird also als ein Prozess angesehen, in dessen Verlauf sprachliches Material produziert wird (Lewandowski 1994:1080).
Bei der Sprechakttheorie handelt es sich demzufolge um eine von der Philosophie der Alltagssprache ausgehende Anregung, die beim Sprechen bzw. mit dem Sprechen kommunikative Handlungen ausgeführt wird, d.h. dass nicht Sätze gesprochen, sondern Äußerungen gemacht werden (Lewandowski 1994: 1082). Der Gedanke, der über den Beschreibungsbereich einer rein systematischen Satzsemantik hinausgeht, ist besonders, wie oben erwähnt, von Austin und Searle entwickelt worden, nach ihnen ist „ein Sprechakt der kleinste Bestandteil eine Textes [...], dem noch eine isolierbare illokutionäre Rolle zugeschrieben werden kann" (Searle 1971: 30).
Zur Sprechaktklassifikation wurden bereits zahlreiche Untersuchungen durchgeführt, u.a. von Austin (1971: 166 ff.), Searle (1976: 10 ff.), Wunderlich (1976: 75 ff.) und Grewendorf et al. (1991: 393 ff.). Von diesen Klassifikationen soll Searles Taxonomie hier die Grundlage des vorliegenden Abschnitts bieten[21]. Searles Kategorisierung wird bestimmt von den drei Hauptkriterien *Illokutionszweck*, *Entsprechungsrichtung* und *ausgedrückte Aufrichtigkeitsbedingung* (Searle 1976: 10). Anhand dieser Kriterien differenziert Searle zwischen den folgenden fünf Sprechaktklassen:

- Repräsentativa (*representatives*),
- Direktiva (*directives*),
- Kommissiva (*commissives*),
- Expressiva (*expressives*) und
- Deklarationen (*declarations*) (ebd.).

1) Repräsentativa bzw. Assertiva

Bei den repräsentativen Sprechakten handelt es sich um Äußerungen, mit denen sich der Sprecher mehr oder weniger fest an die Wahrheit dessen bindet, was er in der Proposition ausdrückt. Alle assertiven Äußerungen lassen sich in der Dimension, die *wahr* und *falsch* umfasst, beurteilen (Searle 1998: 31). Das

[21] Searle hat an Austins Klassifikation Kritik geübt, da die Eindeutigkeit zwischen dem illokutionären Verb und dem illokutionären Akt nicht deutlich erkennbar sei (vgl. Grewendorf 1991: 393f.).

bedeutet, dass zu den repräsentativen Sprechakten alle Äußerungen gezählt werden, die eine Wahr / Falsch-Dimension beinhalten, d.h. die prinzipiell wahr oder falsch sein können. Hierzu gehören u.a. *Feststellungen, Beschreibungen, Behauptungen* und *Vermutungen.* In Gebrauchsanleitungen kommen repräsentative Sprechakte vor allem im Rahmen der Beschreibung des betreffenden Produkts oder der Handlung vor.

BEISPIELE

Die Backzeiten **verkürzen sich** um 5 bis 10 Minuten.
Cihazın kapağını açarken sıcak buhar **çıkıyor**.
Übersetzung
[Beim Öffnen der Gerätetür **entsteht** ein Luftzug.]

Als Charakteristika Repräsentativum nennt Searle (1976:10 f.):

1. Der Illokutionszweck der repräsentativen Sprechakte besteht darin, den Sprecher (mehr oder weniger fest) an die Wahrheit der ausgedrückten Proposition zu binden.
2. Die Entsprechungsrichtung ist ‚Worte in Richtung auf Welt', d.h., die in der Proposition gemachte Aussage soll den Tatsachen – der Welt oder Wahrheit – entsprechen.
3. Die Aufrichtigkeitsbedingung ist Glaube, d.h., der Sender glaubt, daß die Proposition seiner Aussage wahr ist.

2) Direktiva

Der Sprecher einer illokativ direktiven Handlung unternimmt den Versuch, den Adressaten der Äußerung auf ein künftiges Verhalten festzulegen. Es mag sich dabei um sehr zurückhaltende „Versuche" handeln, wie wenn der Sprecher den Rezipienten zu etwas einlädt oder ihm etwas vorschlägt; es mag sich aber auch um sehr nachdrückliche Versuche handeln, wie wenn der Sprecher darauf besteht, dass der Rezipient eine Handlung vornimmt (Searle 1998: 32). Dabei handelt es sich um Sprechakte wie das *Bitten, Auffordern* und *Befehlen,* die einen anderen zu einer Handlung bewegen wollen.
Bezogen auf die Gebrauchsanleitungen bedeutet das folgendes:

Zu den direktiven Sprechakten gehören alle Äußerungen, die beim Leser eine bestimmte Handlung auslösen oder verhindern sollen; also alle Formen des Anweisens und Verbietens sowie des Empfehlens und Abratens.

BEISPIELE

> **Stellen** Sie das Geschirr immer in die Mitte des Rostes.
> Ambalajını açtıktan sonra cihazı **kontrol ediniz**.
> Übersetzung
> [**Prüfen Sie** das Gerät nach dem Auspacken.]

Zu den Direktiven rechnet Searle (1976: 11) Sprechakte, die die folgenden Bedingungen erfüllen:

1. Der Sender versucht, den Empfänger zu einer Handlung zu veranlassen (Illokutionszweck).
2. Die Entsprechungsrichtung ist ‚Welt in Richtung auf Worte', d.h. die Tatsachen sollen so geändert werden, dass sie den Worten, der Proposition, entsprechen.
3. Der Sender muss die Ausführung der in der Proposition beschriebenen Handlung wollen (Aufrichtigkeitsbedingung).
4. Der propositionale Gehalt muß darin bestehen, daß der Empfänger eine zukünftige Handlung vollzieht (propositionaler Gehalt).

Die Proposition eines direktiven Sprechakts beschreibt entweder eine zukünftige willentliche Handlung des Empfängers oder eine „noch nicht gegebene, sondern erst erstrebte Wirklichkeit bzw. Nichtwirklichkeit" (Segeth 1974: 22), zu deren Verwirklichung eine willentliche Tätigkeit des Empfängers nötig ist, wobei weder der Empfänger noch das die willentliche Tätigkeit ausdrückende Wort, meist ein Verb, im Satz ausdrücklich genannt zu sein braucht (Göpferich 1995: 310).

3) Kommissiva

Kommissiva sind Sprechakte, durch die sich der Sender zu etwas verpflichtet. Es wird eine Absicht ausgedrückt. Hierzu gehören das *Versprechen*, das *Sich-Verpflichten* und das *Drohen.* In Gebrauchsanleitungen finden sich kommissive Sprechakte vor allem bei den Garantiebestimmungen (Göpferich 2006: 59).

BEISPIELE

> Mit unserem Service-Versprechen **geben wir Ihnen unser Wort**, dass uns Kundenorientierung, Zuverlässigkeit und Qualität sehr wichtig ist.
>
> Tüm orjinal parçalar 3 yıl **garantilidir**.
>
> Übersetzung
>
> [Auf alle Original-Teile **gewähren wir** 3 Jahre Garantie.]

4) Expressiva

Unter diese Kategorie fallen Sprechakte, mit denen der Sender seine Empfindungen, seine Stimmung zum Ausdruck bringt oder soziale Kontakte pflegt, wie Beglückwünschungen, Grüße und Freudenschreie. Expressive Sprechakte dienen dem Ausdruck von Empfindungen oder dem Pflegen sozialer Kontakte. Hierzu gehören z.B. Grüße, Beglückwünschungen und Danksagungen. In Gebrauchsanleitungen findet sich dieser Sprechakttyp in der Regel ganz am Anfang, z.B. wenn dem Kunden für den Kauf des Produktes gedankt wird. Sprachliche Nuancierungen betreffen hier den Grad der Persönlichkeit sowie die Intensität des Danks (Göpferich 2006: 59).

BEISPIELE

> Wir **danken Ihnen**, dass Sie uns bevorzugt haben.
>
> Bizi tercih ettiğiniz için **teşekkür ederiz.**
>
> Übersetzung
>
> [**Wir danken** Ihnen für den Kauf dieses Produktes.]

5) Deklarativa

Dieser Kategorie rechnet Searle Sprechakte zu, durch deren Vollzug eine neue Wirklichkeit geschaffen wird. Zu dieser Sprechaktklasse gehören z.B. das *Tau-*

fen und das *Ernennen*. Der erfolgreiche Vollzug dieser Sprechakte setzt voraus, dass derjenige, der sie vollzieht, die entsprechende offizielle Kompetenz hierzu hat. Im Allgemeinen sind Deklarationen an außersprachliche Institutionen gebunden, da sie auch außersprachliche Sachverhalte herstellen (Göpferich 2006: 60).

BEISPIELE

> Hiermit wird der Kriegszustand **ausgerufen**.
> Oturum **açılmıştır**.
> Übersetzung
> [Die Sitzung ist hiermit **eröffnet**.]

Auf der Grundlage der Studien von Horn-Helf (2010: 173), Nickl (2001: 242) und Göpferich (1995: 310f.) sowie der vorliegenden Studie kann vorweg erwähnt werden, dass in den *Mensch/Technik-interaktionsorientierten Texten,* genauer Gebrauchsanleitungen, vor allem repräsentative und direktive Sprechakte vorkommen; Sprechakte der übrigen Klassen, wie z.B. Beglückwünschungen als Expressiva oder Garantiebestimmungen als Kommissiva, sind in ihnen nur vereinzelt anzutreffen. Daher stehen die beiden Sprechaktklassen Repräsentativa und Direktiva im Folgenden stets im Mittelpunkt.

6) Auszählmodus

Um einen Überblick über das deutsch- und türkischsprachige Korpus zu behalten und die Verifizierung der Angaben zu ermöglichen, wird bei der Auszählung folgendermaßen vorgegangen:

Wie bei Göpferich (1995) wird in dieser Studie jeweils der Satz als Grundelement betrachtet. Daher soll als Sprechakt jeweils ein Hauptsatz mit allen von ihm abhängigen Gliedsätzen und gliedsatzartigen Konstruktionen gewertet werden. Selbstverständlich bieten sich für diese Vorgehensweise sowohl positive als auch negative Folgerungen: Diese Abgrenzung ist insofern problematisch, als Sprechaktgrenzen nicht grundsätzlich mit Satzgrenzen zusammenfallen müssen. Nach dem Analysemodus von Göpferich werden Äußerungen wie:

Sie verpasste den Bus, **weil** es regnete

*Sie verpasste **wegen** des Regens den Bus*

jeweils als ein Sprechakt gewertet.

BEISPIELE

Er konnte nicht kommen. Es regnete nämlich.

Obwohl alle drei – rein symbolfunktional gesehen – äquivalent sind, wird die Äußerung in den ersten beiden Beispielen als ein Sprechakt gezählt und die darauffolgende zwei kurze Sätze als zwei Sprechakte. Zwei durch Komma, Semikolon oder anreihende Konjunktionen verbundene Hauptsätze werden gemäß der Sprechaktdelimination, anders als bei Göpferich, als ein Sprechakt gezählt. Dies hat folgenden Grund: Die Nebensatzbestimmung des Türkischen, auf die im Abschnitt 3.4.3 eingegangen wird, weicht in vielerlei Hinsicht von der der Deutschen ab. Um im Gesamtkorpus den Überblick zubehalten, werden bei der Analyse der deutsch- und türkischsprachigen Gebrauchsanleitungen wie auch in anderen Analyseverfahren z.B. Passivstrukturen, syntaktische Komplexität etc. als Bezugsgröße benutzt. So wird der nachfolgende Satz als ein einziger Sprechakt gewertet:

BEISPIEL

z.B.: Tür öffnen, Geschirr kontrollieren, Start-Taste drücken.

Die Informationen, die in diesem Satz enthalten sind, hätten unabhängig von der Textsorte ebenso gut über mehrere jeweils durch einen Punkt abgeschlossene Sätze verteilt werden können:

BEISPIELE

1. Tür öffnen.

2. Geschirr kontrollieren.

3. Start-Taste drücken.

Diese Schreibweise würde dafür sorgen, dass die obigen Sätze als drei Einheiten wahrgenommen werden.

Ellipsen werden bei der Auszählung der Sprechakte nur dann mitberechnet, wenn sie, wie bei Göpferich, eindeutig als direktive oder nicht-direktive Sprechakte zu identifizieren sind. Nicht in der Statistik berücksichtigt werden Hinweise wie „Uyarı!“ [Warnung!] sowie in Tabellen und Überschriften enthaltene Sprechakte, da diese ihren eigenen Gesetzesmäßigkeiten folgen und keine vollständigen Sätze bilden. Sprechakte in Überschriften werden allerdings dann mit erfasst, wenn sie in dem der Überschrift folgenden Satz fortgeführt werden.

Gezählt werden in dem Korpus somit für jede Gebrauchsanleitung die Gesamtzahl der in den zu ihr gehörigen Einzeltexten vorkommenden Sprechakte der Direktiva und Repräsentativa. Wie der prozentuale Anteil der Direktiva und Repräsentativa in dem Untersuchungsmaterial vorkommt, ist in der folgenden Tabelle dargestellt:

		Multilinguale Gebrauchsanleitungen		**Monolinguale Gebrauchsanleitungen**	
		Bosch / Siemens		**Privileg / Bauknecht**	**Arçelik / Beko**
		deutsch	**türkisch**		
Gesamtanteil		**13.342**	**13.427**	**7.445**	**14.486**
Prozent		**100%**	**100%**	**100%**	**100%**
Repräsentativa	Anteil	5.762	6.226	2.595	6.612
	%	**41,50%**	**47,08%**	**36,59%**	**45,64%**
Direktiva	Anteil	7.518	7.159	4.867	7.776
	%	**56,34%**	**53,31%**	**63,28%**	**53,67%**

Tab. 27: Analyseergebnisse – Sprechakte

Bei einer Untersuchung des Gesamtkorpus zu den Sprechaktklassen ließ sich eine eindeutige Dominanz repräsentativer und direktiver Sprechakte ermitteln. Sprechakte der übrigen Klassen, wie z.B. Beglückwünschungen als Expressiva oder etwa Kommissiva in Garantiebestimmungen, treten in den analysierten Textsorten verhältnismäßig selten auf; sie wurden aus diesem Grund bei den Auswertungen nicht berücksichtigt. Zudem muss erwähnt werden, dass in dieser Arbeit, im Gegensatz zu der Untersuchung von Göpferich (1995), die einzelnen

Subkategorien der Direktiva nicht unterschieden werden; die einzelnen sprachlichen Realisierungsformen werden nicht im Detail erfasst, da in der hier vorgelegten Untersuchung die Rezeption von Aussagen der unterschiedlichen Verständlichkeitstheorien im Vordergrund steht und eine Subklassifizierung der direktiven Sprechakte aus Platzgründen nicht durchgeführt werden kann.

Aus der Analyse der obigen Tabellen sind folgende Fakten zu ermitteln:

Einen extrem hohen Anteil direktiver Sprechakte weisen erwartungsgemäß die Gebrauchsanleitungen im Deutschen auf (multilinguales Korpus: 56,34%, monolinguales Korpus: 63,28%). Sowohl die multilingualen Gebrauchsanleitungen der Firmen *Bosch* und *Siemens* als auch die monolingualen Gebrauchsanleitungen der Betriebe *Privileg* und *Bauknecht* haben einen prozentualen Anteil an Direktiva von knapp 60%. Bei den türkischen Gebrauchsanleitungen herrscht erstaunlicherweise ein abweichendes Ergebnis vor. Bei den multilingualen Gebrauchsanleitungen beträgt der prozentuale Anteil 53%. Die monolingualen Gebrauchsanleitungen ergeben ebenso 53%. Der niedrige Anteil der direktiven Sprechakte korreliert mit einem erhöhten Anteil repräsentativer Sprechakte. Die repräsentativen Sprechakte, deren Anteil bei den deutschen multi- und monolingualen Unternehmen unter 40% liegt, machen bei den türkischen Gebrauchsanleitungen 45% aus.

Für die Gebrauchsanleitungen wird gefordert, dass sie handlungsorientiert und nicht-sachorientiert verfasst werden (Nickl 2001: 242). In der Terminologie der Sprechakttheorie bedeutet das, dass eine Bevorzugung der Direktiva vorkommen sollte. Im Allgemeinen kann für das Korpus zunächst formuliert werden, dass der prozentuale Anteil der Direktiva an der Summe aller Sprechakte in den jeweiligen Sprachkreisen der verwendeten Gebrauchsanleitungen etwa gleich hoch ausfällt. Bei den türkischsprachigen Gebrauchsanleitungen durchschnittlich bei 53%, bei den deutschsprachigen Gebrauchsanleitungen durchschnittlich bei 60%. Dies steht in Zusammenhang mit der Art der dargebotenen Informationen: Die analysierten Gebrauchsanleitungen richten sich an die gleiche potentielle Adressatengruppe, nämlich an technische Laien, bei denen nur eine geringe technische Allgemeinbildung und wenig Hintergrundwissen zu dem in der Anleitung behandelten Produkt vorausgesetzt werden können. Demzufolge wird den Rezipienten nicht nur erläutert, wie sie mit dem jeweiligen Produkt umzugehen haben, es werden ihnen auch im Zusammenhang die Einsatzmöglichkeiten des Geräts, sein Gebrauch und seine Funktionsweise dargestellt. Zu diesem Zweck sind deskriptive[22] (repräsentative) Sprechakte notwendig, mit denen in der Statistik ein Rückgang des prozentualen Anteils der Direktiva einhergeht. Reparaturvorgänge, für deren Erklärung eine Vielzahl von Direktiva vonnöten ist, werden aus solchen Anleitungen ausgeklammert, da beim Laien die nötigen Vorkenntnisse für die Durchführung nicht vorausgesetzt werden können. Für den Fall, dass an dem Produkt Störungen auftreten, die eine Reparatur erforderlich machen, erscheint in der Regel nur die eine Instruktion, es an einem Fachmann weiterzuleiten.

In den Gebrauchsanleitungen wird dem Adressaten zwar kein Reparaturvorgang beschrieben, dennoch ist in fast allen Gebrauchsanleitungen das Kapitel *Fehlersuche / -behebung* vorhanden, in welchem die Verbraucher kleinere Störungsfälle feststellen und beheben können. Man kann beobachten, dass in den Kapiteln *Fehlersuche/-behebung* hauptsächlich direktive Sprechakte dominieren. In Kapiteln wie *Garantiebescheinigung* oder *Garantiebedingungen* ist neben dem Gebrauch der kommissiven Rede ein deutlicher Gebrauch repräsentativer Äußerungen zu konstatieren.

Zur Verwendung von Sprechakten in deutschsprachigen Gebrauchsanleitungen gibt es, wie in der Einleitung erwähnt, einige quantitative Untersuchungen. Die umfassendste Analyse ist die von Nickl (2001), der deutsche Bedienungsanleitungen aus der zweiten Hälfte des 20. Jahrhunderts auf der Basis eines Korpus von ca. 20.000 Sprechakten kontrastiv untersucht hat. Insgesamt zeigt sich in Nickls Korpus eine klare Dominanz der direktiven Sprechakte, d.h. von Sprechakten des Anweisens, Verbietens, Empfehlens und Abratens. Der Gesamtanteil direktiver Sprechakte nimmt dabei im Laufe der Zeit leicht zu: von ca. 57% in den fünfziger Jahren auf ca. 63 % in den neunziger Jahren (Nickl 2001: 245). Die sprachvergleichende Studie von Göpferich (1998) für das Sprachenpaar Deutsch-Englisch belegt ebenso die Dominanz des Direktivum zum Ausdruck von Anweisungen und Verboten: In Göpferichs Korpus (1998: 156) von Bedienungs- und Betriebsanleitungen sind diese Sprechakte im Deutschen mit ca. 60%, im Englischen zu ca. 82% vertreten.

---

[22] Zur Bedeutung von deskriptiven Verben s. Schröder (2009: 188).

Insgesamt zeigen die in dieser Arbeit vorgelegten Untersuchungsergebnisse eine treffende Übereinstimmung mit den Ergebnissen von Nickl und Göpferich. Besonders in der Verteilung zwischen direktiven und repräsentativen Sprechakten der deutschsprachigen Sprechakte ist eine offensichtliche Affinität abzulesen.
Sprachliche Mittel, welche die direktive Illokution einer Äußerung eindeutig erkennen lassen und sich daher zur Erteilung von Instruktionen in Mensch/Technik-interaktionsorientierten Texten eignen, sind nach Göpferich (1998: 149f.):

- **Imperativ** und /bzw.
- **Imperativischer Infinitiv**

Der Imperativ hat den Vorteil, dass der Leser durch das Anredepronomen *Sie* direkt angesprochen wird (Dreyer/Schmitt 2007: 60). In einer dichten Folge von Instruktionsschritten hat er jedoch den Nachteil, dass das Anredepronomen bei jedem Instruktionsschritt wiederholt werden muss. Daher wird bei aufeinander folgenden Instruktionsschritten in den deutschsprachigen Gebrauchsanleitungen meistens dem imperativischen Infinitiv der Vorzug gegeben, der zudem durch den Wegfall des Anredepronomens noch sprachökonomischer ist als der Imperativ. In der Forschung wird allerdings behauptet, dass man die besten Ergebnisse erzielt, wenn man eine Folge von Instruktionsschritten zunächst mit einem Imperativ einleitet, der die persönliche Beziehung zum Leser herstellt, und die eigentlichen Instruktionsschritte dann mit dem imperativischen Infinitiv formuliert (vgl. Tratschitt 1982: 164).

BEISPIEL

Sie benötigen dabei folgende Angaben:	[Imperativ]
▪ Eine kurze Beschreibung der Störung	[imperativischer Infinitiv]
▪ Gerätetyp und Nummer	[imperativischer Infinitiv]
▪ die Servicenummer	[imperativischer Infinitiv]
▪ Ihre vollständige Anschrift	[imperativischer Infinitiv]
▪ Ihre Telefonnummer	[imperativischer Infinitiv]

Der Gebrauch des imperativischen Infinitivs ist auch aufgrund seines stärkeren Autoritätsgehaltes dem Imperativ vorzuziehen. Es gibt sogar Fälle, in denen ein Adverb wie *niemals* oder *keinesfalls* hinzugefügt wird, um noch mehr Nachdruck zu verleihen (Göpferich 1998: 149).
Die eingehende Untersuchung der direktiven Sprechakte im Korpus verdeutlicht, dass in den türkischen direktiven Sprechakten der Imperativ dem imperativischen Infinitiv vorgezogen wird; umgekehrt kommt es bei den deutschsprachigen Sprechakten vor, dass hier der imperativische Infinitiv, so auch bei Göpferich und Nickl, favorisiert wird.
Genauer ausgedrückt, der türkische Imperativ entspricht in diesem Fall nicht dem deutschen Imperativ, sondern dem deutschen imperativischen Infinitiv (Moser-Weithmann 2001: 94). Der deutsche Imperativ der Höflichkeit, der in Gebrauchsanleitungen verwendet werden muss, umfasst nämlich im Gegensatz zum türkischen Imperativ und zum deutschen imperativischen Infinitiv das Anredepronomen *Sie* und wird dadurch in der Satzstruktur länger und im Satzinhalt eintöniger und langweiliger.

BEISPIELE

Imperativ	**Imperativischer Infinitiv**
Verwenden Sie Schutzhandschuhe.	Schutzhandschuhe ***verwenden***.
Koruyucu eldiven ***kullanınız***.	Koruyucu eldiven ***kullanınız***.
Übersetzung	
Verwenden Sie Schutzhandschuhe.	Schutzhandschuhe ***verwenden***.
oder	
Schutzhandschuhe ***verwenden***.	***Verwenden Sie*** Schutzhandschuhe

Wenn der deutsche imperativische Infinitiv dem türkischen Imperativ in seiner Sprachökonomie entspricht, auf die es ja in Gebrauchsanleitungen ankommt, so fragt man sich, warum er im Deutschen seltener verwendet wird als im Türkischen der Imperativ.
Hierfür gibt es zwei Gründe, die zunächst genannt und dann erläutert werden sollen:

1) Zum deutschen imperativischen Infinitiv gibt es mehr sprachökonomische Formulierungsvarianten (Göpferich 1996: 79) als zum türkischen Imperativ.

2) Der deutsche imperativische Infinitiv wirkt fachsprachlicher und weniger freundlich als der Imperativ im Türkischen.

Es wurde aufgezeigt, dass für Gebrauchsanleitungen im Deutschen mehr Formulierungsvarianten zum imperativischen Infinitiv zur Verfügung stehen als im Türkischen zum Imperativ. Nun ist noch zu klären, warum diese Varianten im Deutschen auch verwendet werden, obwohl sie weniger sprachökonomisch sind. Der Grund hierfür hängt mit dem zweiten oben genannten Punkt zusammen: Der deutsche imperativische Infinitiv (*Schutzhandschuhe verwenden*) ist ein unpersönliches, fachspezifisches Ausdrucksmittel, das im alltäglichen höflichen Umgang von Menschen miteinander kaum verwendet wird (Göpferich 1996: 79). Auf den türkischen Imperativ als persönliches Ausdrucksmittel trifft dies nicht in gleichem Maße zu, weil im Türkischen die Personenangaben durch ein Suffix im Verb vollzogen werden. Da ein bloßer Imperativ ohne „lütfen" im Türkischen unhöflich wirkt, werden im Imperativ-Gebrauch des Türkischen dem Verb die Endung -ız angefügt:

BEISPIEL

Koruyucu eldiven ***kullan-ın-ız***

Um den Eindruck der Unhöflichkeit, Unpersönlichkeit und Fachspezifik, die vom Laien häufig mit Schwerverständlichkeit gleichgesetzt werden, zu vermeiden, ist es daher in Anleitungen für den Laien im Deutschen stärker als im Türkischen erforderlich, auf Formen auszuweichen, mit denen auch im höflichen Umgang von Menschen miteinander Direktiva vollzogen werden (vgl. Göpferich 1995: 348). Solche Formen sind z.B. der Imperativ der Höflichkeit:

BEISPIEL

Wenden **Sie** sich bitte an eine Kundendienststelle

Oder der Gebrauch der 3. Person Plural Indikativ Präsens als Höflichkeitsform[23]:

BEISPIEL

Sie müssen nicht fest drücken.

[23] Siehe hierzu: Eğit (1998).

Durch den Gebrauch des Anredepronomens *Sie* fühlt sich der Leser persönlich angesprochen und dadurch beim Umgang mit dem dokumentierten Produkt stärker geführt.

Einen solchen Eindruck zu erwecken, ist besonders in an den Laien gerichteten Anleitungen für Produkte wichtig, vor denen er Berührungsängste hat, weil er sich ihnen nicht gewachsen fühlt. Persönliche, freundliche Formulierungen tragen hier dazu bei, diese Ängste abzubauen.

Die in Gebrauchsanleitungen für den Laien am häufigsten anzutreffende Mischung aus imperativischen Infinitiven im Deutschen bzw. Imperativen im Türkischen und anderen Formulierungen hat den Vorteil, dass durch sie Sprachökonomie mit einer höflichen Ausdrucksweise verbunden wird und durch die Variation im Ausdruck zugleich der Eindruck monotoner Fachsprachlichkeit vermieden wird. Bei dieser Mischung von persönlichen und unpersönlichen Formulierungen ist zu beobachten, dass die sprachökonomischen Formen in Schrittfolgerungen von Instruktionen bevorzugt werden, die meist durchnummeriert oder mit Spiegelstrichen versehen sind.

Die Sprachökonomie des imperativischen Infinitivs im Deutschen bzw. des Imperativs im Türkischen hat hier nämlich den Vorteil, dass durch sie ein Instruktionsschritt jeweils in eine Zeile passt und die Aufzählung von Instruktionen dadurch übersichtlicher wird. Dies ist für den Rezipienten insofern wichtig, als er den Anleitungstext nicht fortlaufend liest, sondern seinen Blick zwischen Anleitung und Produkt schweifen lässt. Eine übersichtliche Darstellung erleichtert es ihm dabei, nach der Ausführung eines Instruktionsschritts rasch die gewünschte Stelle im Text wiederzufinden. Hieran wird deutlich, dass die Wahl der Äußerungsformen zum Vollzug von Direktiva nicht nur von der Textsorte abhängt, sondern innerhalb einer Textsorte auch vom Kontext und dessen pragmatischer Einbettung.

Göpferich (1998: 146) zufolge werden Gebrauchsanleitungen vor allem dann im repräsentativen Sprechakttyp verfasst, wenn sie aus der „Entwicklerperspektive“ betrachtet werden. Unter sprechakttheoretischen Gesichtspunkten bedeutet dies, dass sie damit mehr systemorientierte Funktionsbeschreibungen liefern anstatt der vom Benutzer benötigten direktiven Sprechakte in Form von anwendungsorientierten bzw. tätigkeitsorientierten Instruktionen.

Den Analyseergebnissen der obigen Tabellen zufolge haben die türkischsprachigen Gebrauchsanleitungen, vor allem die monolingualen türkischen Gebrauchsanleitungen, einen höheren Anteil von repräsentativen Sprechakten.
Versucht man diese Tatsache anhand des Kulturmodells von Hofstede zu interpretieren, so würde die Hervorhebung der repräsentativen Sprechaktkategorie der türkischen Texte verdeutlichen, dass die Texte aus der sog. „Entwicklerperspektive" bzw. „Senderperspektive" verfasst sind, während die Überzahl der direktiven Sprechakte der deutschsprachigen Gebrauchsanleitungen die Gestaltung der Texte aus der „Anwenderperspektive" bzw. „Adressatenperspektive" widerspiegeln (Göpferich 1998: 146).
Wie eine Kultur repräsentative und/oder direktive Sprechakte interpretiert, hängt ebenso davon ab, welchen Wert sie der sozialen Macht beimisst. Hofstede unterscheidet zwei Möglichkeiten: *geringe Machtdistanz* und *große Machtdistanz.* Während die *geringe Machtdistanz* die Anwenderperspektive, genauer gesagt eine Vorgesetzten-Perspektive verlangt, die demokratisch – so Hofstede – das ganze Geschehen auch aus einer anderen Perspektive betrachten kann, verlangt die Entwicklerperspektive, bei der der Sender bzw. die Vorgesetzten-Perspektive im Vordergrund steht und die Spitzenposition einbehält, eine *große Machtdistanz.*
Die Art der Machtdistanz korreliert nicht nur mit der Entwickler- oder Adressatenperspektive. Die Machtdistanz bedingt ebenso, dass in den direktiven Sprechakten der türkischsprachigen Gebrauchsanleitungen der Imperativ verwendet wird, wobei die geringe Machtdistanz den imperativischen Infinitiv der deutschsprachigen Gebrauchsanleitungen untermauert. Eines der markantesten Merkmale hoher Machtdistanz ist, dass den Mitarbeitern Anweisungen vom Vorgesetzten gegeben werden, an denen sie kaum beteiligt sind. Dagegen verlangen die Mitarbeiter einer Kultur mit geringer Machtdistanz keine unmittelbare Imperativform, wie sie sich in den türkischsprachigen Gebrauchsanleitungen ermitteln lässt.
Für die Translationspraxis lassen sich aus den Ergebnissen zur Sprechaktverwendung die folgenden Schlussfolgerungen ziehen: Bei dem Vergleich der multilingualen Gebrauchsanleitungen lässt sich interessanterweise feststellen, dass die Werte für die deutschen und die ihnen entsprechenden türkischen Textsorten kaum voneinander abweichen. Die Verteilung der Sprechaktkategorien

stimmt annähernd überein. Das besagt wiederum, dass für den Übersetzer der Firmen die Übersetzung von Bedeutung größer war als die Beachtung der repräsentativen Eigenheit der türkischen Gebrauchsanleitung. Ferner sollte der Übersetzer darauf Acht geben, dass der imperativische Infinitiv des Deutschen im Türkischen durch den Imperativ wiedergegeben wird. Umgekehrt hat der Übersetzer, der aus dem Türkischen ins Deutsche übersetzt, mehrere Möglichkeiten, den imperativischen Infinitiv zu gestalten, wobei die direkte Übertragung des qua Personalendung personalisierten türkischen Imperativs in einen deutschen Imperativ mittels der Sie-Form vermieden werden sollte, da, wie oben erwähnt, die rekurrente Benutzung des Sie-Pronomens im Deutschen langweilig und ermüdend wirken kann.

3.3.3 Personeneinbezug

Die Art und Weise, wie Personen in einer Gebrauchsanleitung angeredet werden, ist in der Literatur oft diskutiert worden. Als typische Eigenschaft fachspezifischer Texte wird das Zurücktreten des Senders hinter den dargestellten Sachverhalt genannt (Hahn 1983), der Verzicht auf den Gebrauch der direkten Ansprache des Adressaten und die sog. „Agensabgewandtheit" oder „Deagentivierung" (Gläser 1990: 57). Ob sich die oben aufgelisteten Feststellungen auch in den deutsch- und türkischsprachigen Gebrauchsanleitungen ermitteln lassen und wie sich der Personeneinbezug überhaupt offenbart, ist das Thema des vorliegenden Abschnitts.

Gläser (1992: 81) zufolge konzentriert sich der Personeneinbezug auf die „Darstellungshaltung des Textautors". Je nach der Hervorhebung des Darstellers wird zwischen

- *Sendereinbezug,*
- *Adressateneinbezug* und
- *unbestimmten Formen*

unterschieden.

Die Frage nach dem Personeneinbezug zielt darauf ab, wie häufig die Personen im Text vorkommen oder, umgekehrt ausgedrückt, wie häufig sie zugunsten der Sachorientierung der Gebrauchsanleitung in den Hintergrund treten.

Die in dieser Arbeit verwendeten Analysekategorien orientieren sich an denjenigen, die bei Göpferich (1995) und Nickl (2001) sowie bei Horn-Helf (2010) zugrunde liegen. Durch dieses Vorgehen können einerseits die Ergebnisse dieser Arbeiten bestätigt werden, anderseits ergibt sich hier aber auch die Möglichkeit, diese Arbeiten um eine kulturelle und weitere sprachliche Dimensionen zu erweitern.

1) Sendereinbezug

Die Art und Weise, wie der Sender in einer Gebrauchsanleitung bezeichnet wird, ist sowohl im Türkischen als auch im Deutschen nahezu gleich. Die am häufigsten verwendeten Senderbezeichnungen sind im Deutschen *Wir* und *Unsere* im Türkischen *Biz* und *Bizim.* Im Türkischen kann der Sendereinbezug auch durch die Suffixanfügung *-miz (-mız; -muz; -müz); -mizin (-mızın; -muzun; -müzün);* vorgenommen werden. Allerdings sind auch freistehende Lexeme, die bei Göpferich (1995), Nickl (2001) und Horn-Helf (2010) als unpersönlicher Sendereinbezug bezeichnet werden, im Türkischen sowie im Deutschen vorhanden. Zu den am häufigsten verwendeten unpersönlichen Sendern zählen im Deutschen *Kundendienststelle* und *Hersteller*; im Türkischen *Çağrı Merkezimiz, Tüketici Hizmetleri Bölümümüz* usw.

BEISPIELE

> Für Reklamationen, die in direktem Zusammenhang mit diesen Produkten stehen, kann von **uns** keine Garantieleistung übernommen werden.
> Beachten Sie die Sicherheitshinweise der **Hersteller.**
>
> Temizleme işlemine başlamadan önce ürünün fişini çekmenizi tavsiye ederi**z**.
> Übersetzung
> [Vor Reinigung des Geräts empfehlen **wir** den Netzstecker aus der Steckdose zu entfernen]
>
> **Beko Çağrı Merkezi** haftanın 7 günü 08:00-24:00 saatleri arasında 444'lü telefon numarası ile canlı olarak hizmet vermektedir.

Übersetzung

[**Beko-Kundendienst** ist jeden Tag zwischen 08:00-24:00 Uhr unter der 444... Telefonnummer zu erreichen]

2) Adressateneinbezug

Der Adressateneinbezug erfolgt, indem der Leser in einer Gebrauchsanleitung persönlich oder unpersönlich angesprochen wird. Auch dies ist sowohl im Türkischen als auch im Deutschen analog. Die am häufigsten verwendeten Adressatenbezeichnungen sind im Deutschen *Sie* und *Ihre;* im Türkischen *Siz* und *Sizin.* Im Türkischen wird der Adressateneinbezug, wie es beim Sender-einbezug der Fall ist, durch die Suffixanfügung *-in (-ın; -un; -ün); -isiniz (-ısınız; usunuz; üsünüz)* ausgedrückt. Allerdings sind in beiden Sprachen auch freistehende Lexeme, die bei Göpferich (1995), Nickl (2001) und Horn-Helf (2010) als unpersönlicher Adressateneinbezug bezeichnet werden, vorhanden. Zu den am häufigsten verwendeten unpersönlichen Adressatenbezeichnungen zählen im Deutschen *Kunde, Leser* und *Anwender*; im Türkischen, *Tüketici, Müşteri* und *Kullanıcı* usw.

BEISPIELE

Bitte helfen auch **Sie** mit: Entsorgen Sie die Verpackung umweltgerecht.

Unsachgemäße Installationen und Reparaturen können den **Benutzer** erheblich gefährden.

Lütfen **siz** de çevrenin korunmasında yardımcı olunuz.

Übersetzung

[Bitte helfen **Sie** mit: Entsorgen Sie die Verpackung umweltgerecht.]

Gerektiği gibi yapılmayan kurma işlemleri ve onarımlar **kullanıcı** için önemli zararlara neden olabilir.

Übersetzung

[Unsachgemäße Installationen und Reparaturen können den **Benutzer** erheblich gefährden.]

3) Unbestimmte Formen

Die unbestimmten Formen des Personeneinbezugs können entweder durch die Einführung Dritter als Subjekt erfolgen oder durch den Gebrauch des Pronomens *man* vollzogen werden. In den Gebrauchsanleitungen gehören zu diesen unbestimmten Formen insbesondere Personen, die indirekt mit dem Adressaten in Verbindung stehen (Nickl 2001: 250). Zu den meist verwendeten Personen-Bezeichnungen gehören im Deutschen: *Händler, Spediteur* sowie *Hersteller von Zulieferanten* usw.; im Türkischen *Satış Temsilcisi, Müşteri Çağrı Merkezi* oder *Nakliyeci.* Zu dieser Kategorie können auch Institutionen, Firmen und Behörden bezeichnende Nomen hinzugerechnet werden. Im Deutschen ist überdies der Gebrauch des Pronomens *man* festzustellen, wenn auch in geringer Anzahl.

BEISPIELE

> Über die aktuellen Entsorgungswege informieren Sie sich bitte bei Ihrem **Fachhändler** oder bei der **Gemeindeverwaltung**.
> Mit einer niedrigeren Temperatur erhält **man** eine gleichmäßigere Bräunung.
>
> Bu cihaz **çocuklar** için bir oyuncak değildir!
> Übersetzung
> [Das Gerät ist kein Spielzeug für **Kinder**!]

4) Auszählmodus

Göpferich (1995), Nickl (2001) und Horn-Helf (2010) haben in Ihren Studien zwischen folgenden Formen des Personeneinbezugs unterschieden: Unter Sendereinbezug wird der Unterschied zwischen persönlichem und unpersönlichem Sendereinbezug getroffen. Auch beim Adressateneinbezug wird zwischen persönlicher und unpersönlicher Ansprache unterschieden. Zu diesen Formen des Sender- und Adressateneinbezugs kommen das Indefinitpronomen *man* und dritte Personen bezeichnende Substantive hinzu, die bei allen drei Autoren in unterschiedlichen Formen Verwendung finden.

In der vorliegenden Studie werden, um irreführende Angaben zu vermeiden, keine weiteren Subkategorisierungen der Personenansprache vorgenommen. Grund dafür ist, dass im Türkischen die Bildung des Personeneinbezugs durch Suffixe, die der deutschen Sprachbildung ganz und gar fremd sind, gebildet wird. In diesem Fall ist zwar die Unterscheidung zwischen den persönlichen und unpersönlichen sowie der Gebrauch des Indefinitpronomens „man" nicht immer deutlich abzulesen. Aus diesem Grund werden für die Analyse des Korpus die drei Hauptkategorien gewählt:

- *Sendereinbezug,*
- *Adressateneinbezug* und
- *unbestimmten Formen.*

Zur Ermittlung des Personeneinbezugs wird für jede Textsorte festgehalten, wie frequent in den jeweiligen Texten Personal- und Possesivpronomen für Adressateneinbezug, bzw. für Sendereinbezug im Singular und Plural auftreten; anschließend wird in prozentualen Angaben mitgeteilt, wie hoch ihr Anteil am gesamten Personeneinbezug ist. Bei der Bestimmung der Werte der Kategorie *unbestimmte Formen* werden alle Personen angegeben, die nicht zu den Kategorien *Adressateneinbezug* und *Sendereinbezug* hinzugerechnet werden können.

Die folgende Tabelle soll einen Überblick über den durchschnittlichen Personeneinbezug in den untersuchten Gebrauchsanleitungen vermitteln:

		Multilinguale Gebrauchsanleitungen		**Monolinguale Gebrauchsanleitungen**	
		Bosch / Siemens		**Privileg / Bauknecht**	**Arçelik / Beko**
		deutsch	**türkisch**		
Gesamtanteil		**4907**	**8991**	**3114**	**8677**
Prozent		**100%**	**100%**	**100%**	**100%**
Sender-einbezug	Anteil	541	594	107	483
	%	**11,03%**	**6,61%**	**3,44%**	**5,57%**
Adressaten-einbezug	Anteil	4020	8025	2504	7349
	%	**81,92%**	**89,26%**	**80,41%**	**84,70%**
Unbestimmte Formen	Anteil	346	372	503	845
	%	**7,05%**	**4,14%**	**16,15%**	**9,74%**

◄ Tab. 28: Analyseergebnisse – Personeneinbezug

Aus der Tabelle wird Folgendes ersichtlich:
Angegeben ist die Summe und der Durchschnittswert des jeweiligen Personeneinbezugs in absoluten Zahlen sowie in Prozentwerten. Die Analyse des Gesamtanteils der Gebrauchsanleitungen legt dar, dass die türkischsprachigen Gebrauchsanleitungen einen weitaus höheren Anteil an Personeneinbezug aufweisen als die deutschsprachigen. Der Grund liegt darin, wie im vorherigen Abschnitt erwähnt, dass die direktiven Sprechakte im Türkischen, die meist mithilfe des Imperativs gebildet werden, unerlässlich auf einen Personeneinbezug angewiesen sind. Der Adressat wird auf diese Weise grundsätzlich direkt angesprochen.

Bemerkenswert ist, dass bei den ausgezählten Formen des Personeneinbezugs zunächst die Verteilung in allen Fällen den größten Anteil des Personeneinbezugs von den anredenden Pronomen hat. In diesem Zusammenhang ist zu vermerken, dass der Anteil des Adressateneinbezugs in den türkischsprachigen Gebrauchsanleitungen höher liegt als in den deutschsprachigen.

Besondere Formen des Sendereinbezugs tauchen in den untersuchten Gebrauchsanleitungen sehr selten auf. Der Durchschnittswert des Sendereinbezugs variiert bei den deutschsprachigen Gebrauchsanleitungen stark, denn obwohl die multilingualen Gebrauchsanleitungen einen Anteil von mehr als 10% aufweisen, verzeichnen die monolingual-deutschsprachigen Gebrauchsanleitungen einen sehr niedrigen Wert. Bei den türkischsprachigen Gebrauchsanleitungen ist die Neigung zum Sendereinbezug nahezu konstant. Die multilingualen Gebrauchsanleitungen besitzen einen Durchschnittswert von ca. 7%; die monolingualen Gebrauchsanleitungen liegen bei einem Durchschnittswert von 6%.

Göpferich (1995: 379) zufolge hängt bei fachsprachlichen Texten die Stärke des Personeneinbezugs vom Fachlichkeitsgrad ab. Bei näherer Betrachtung der Werte fällt auf, dass der Personeneinbezug generell in den deutschsprachigen Texten seltener verwendet wird. In den bearbeiteten Gebrauchsanleitungen wird der Adressateneinbezug mit abnehmendem Fachlichkeitsgrad in beiden Sprachen stärker, wobei jedoch im Deutschen höhere Werte und ein stärkerer Anteil zu beobachten sind als im Türkischen. Dieser Unterschied kann mit der unterschiedlichen Imperativbildung in beiden Sprachen begründet werden: Die

Formen des Sendereinbezugs werden sowohl im Deutschen als auch im Türkischen nur selten verwendet.

Ganz umgekehrt kann man die häufige Verwendung der ersten Person Plural *wir* feststellen. Der deutsche Imperativ Plural der Höflichkeit enthält das Pronomen *Sie*, das bei der Zählung der ‚anredenden' Pronomen mit erfasst wurde, während der türkische Imperativ kein Pronomen der direkten Ansprache enthält, das dem Verb unmittelbar als Suffix hinzugefügt wird. Lässt man in den deutschen Gebrauchsanleitungen die Pronomen in den Imperativen unberücksichtigt, so beträgt der Wert für den direkten Adressateneinbezug in den deutschen Gebrauchsanleitungen nur 7,3%, d.h., die Werte für das Deutsche nähern sich denen für das Türkische an. Dass der Wert für den Adressateneinbezug in den Gebrauchsanleitungen in beiden Sprachen immer noch relativ hoch ausfällt, ist u.a. darauf zurückzuführen, dass in ihnen häufig Possessivpronomen verwendet werden, um den Bezug zum Adressaten herzustellen (z.B. *Ihr* Händler statt *Der/Ein* Händler).

Der hohe Anteil des Personeneinbezugs deutet darauf hin, dass es sich bei der Gebrauchsanleitung um eine Textsorte handelt, die keinen allzu hohen Fachsprachlichkeitsgrad beinhaltet.

Ruft man sich in diesem Zusammenhang die kulturellen Dimensionen von Hofstede in Erinnerung, so erkennt man, dass die Art der Adressatenansprache eng mit der kulturellen Dimension der Machtdistanz in Verbindung gebracht werden kann. Denn die hohe Machtdistanz verlangt, dass, wie in der Gebrauchsanleitung der Fall ist, der Imperativ verwendet wird, wobei die geringe Machtdistanz den imperativischen Infinitiv der deutschsprachigen Gebrauchsanleitungen untermauert. Einer der markantesten Merkmale der hohen Machtdistanz ist, dass den Mitarbeitern Anweisungen vom Vorgesetzten vorgegeben werden, an denen sie kaum beteiligt sind. Dagegen verlangen die Mitarbeiter einer Kultur der geringen Machtdistanz eine nur geringe Anzahl der Imperativform, wie sie in den deutschsprachigen Gebrauchsanleitungen zu ermitteln ist.

Für die Translationspraxis lassen sich aus den Ergebnissen zum Personeneinbezug die folgenden Schlussfolgerungen ziehen: Der Transfer der Pronomen für Sendereinbezug stellt für den deutsch- und türkischsprachigen Übersetzer keine allzu große Herausforderung dar. Diese Feststellung ist aus der obigen Tabelle, bei der die absoluten Zahlenangaben der multilingualen Gebrauchsanleitungen (de: 541; tr: 594) nur sehr geringe Unterschiede aufzeigen, deutlich zu erkennen.

Die Divergenz bei der Anzahl des Adressateneinbezugs ist jedoch für die Übersetzungswissenschaft umso interessanter. Denn wie oben festgestellt, werden im Türkischen nahezu in allen Adressateneinbezugs-Situationen die Endungen *-ın* oder *-ınız* verwendet. Bei der Übertragung von deutschsprachigen Gebrauchsanleitungen ins Türkische empfiehlt es sich daher, vor allem bei der Übertragung der *man*-Konstruktionen, das Personalsuffix *-ın* und *-ınız* einzuführen, da diese Strukturen dem Türkischen absolut fremd sind. Bei der Übersetzung der türkischsprachigen Gebrauchsanleitungen, die die Adressatensuffixe *-ın* oder *-ınız* besitzen, ist der Übersetzer genötigt, zwischen *Sie*-Konstruktionen, Passivkonstruktionen oder *man*-Konstruktion[24] und anderen Personeneinbezugsmöglichkeiten zu variieren.

Dem methodischen Vorgehen dieser Arbeit folgend, wird im nächsten Kapitel die Ebene des Satzes in den mono- und multilingualen deutsch- und türkischsprachigen Gebrauchsanleitungen analysiert.

3.4 Die Ebene des Satzes

Die Lehre vom Bau der Sätze ist die Syntax. Gegenstand der Syntax ist der Satz (S) und dessen Gestaltung. Sie bezeichnet allgemein (a) die Beschreibung der Struktur von Sätzen und (b) diese Struktur selbst (Lewandowski 1994: 1134). Die Syntax besitzt innerhalb der Sprachverwendung eine überragende Bedeutung. Auf die Frage ‚*Was ist Syntax?*‘ kann eine schlichte Antwort folgen:

Syntax ist eine Menge von Generalisierungen, Prinzipien und Regeln, mit Hilfe derer Strukturen beschrieben werden, die bestimmte Ausdrücke der natürlichen Sprache beinhalten (Clement 2005: 32).

[24] Bei Tekinay (1987: 20) werden für die Übertragung der man-Konstruktion folgende Alternativen zur Verfügung gestellt:

1. Passivische Wiedergabe: z.B.: In Deutschland trinkt *man* meistens Bier. [Almanya'da en çok bira içilir.];
2. Umschreibung durch die dritte Person Plural: z.B.: In Deutschland trinkt *man* meistens Bier. [Almanya'da en çok bira içerler.].
3. Durch unpersönliche Subjekte wie *insan, kişi* oder *adam,* wobei in negativen Sätzen das unbestimmte Subjekt *(hiç)kimse* herangezogen wird. z.B. *Man* muss sein Wort halten. [İnsan (kişi, adam) sözünde durmalı.

Für die Syntax sind die Leistungen der einzelnen Wortformen und Wortarten beim Aufbau des Satzes, ihre Beziehungen zum Satzganzen und ihre wechselseitigen Beziehungen wichtig. Aus diesem Grund wird die Syntax gemeinhin als eine linguistische Teildisziplin angesehen, deren Aufgabe es ist, die Struktur und die Konstituenten von Sätzen einer Sprache zu beschreiben. Auch in der vorliegenden Arbeit soll die Syntax im Sinne der traditionellen Grammatik verstanden werden (vgl. hierzu Öncü 2012: 209).

Unter den verschiedenen methodischen Schwerpunkten der kontrastiven syntaktischen Analyse von Gebrauchsanleitungen kommen die folgenden drei Analysekriterien besonders häufig zur Geltung:

- *Passivgehalt,*
- *Syntaktische Komplexität* und
- *Nebensatzkategorien.*

Diese Kriterien werden im folgenden Kapitel ausführlich bearbeitet und gleichzeitig als Analysegrundlage für die mono- und multilinguale Fachtextsorte der deutsch- und türkischsprachigen Gebrauchsanleitung verwendet.

3.4.1 Passivgehalt

Je nach der Mitteilungsperspektive einer Handlung oder eines Vorgangs spricht man entweder vom Aktiv (Tatform, Tätigkeitsform) oder Passiv (Leideform). Während im Aktiv das Geschehen von seinem Träger (vom Täter) her dargestellt wird, steht im Passiv das Geschehen selbst bzw. das Ergebnis der Handlung im Vordergrund. Hier wird also das Geschehen von der betroffenen Person oder Sache aus betrachtet und der Täter oft nicht genannt (Dreyer/Schmitt 2007: 108f.; Aygün 2006: 85).

Der Passivgebrauch ist in den Fachsprachen von Wissenschaft und Technik sehr verbreitet. Er ist eine der einfachsten Arten, einen Sachverhalt neutral darzustellen, wobei der „Urheber der Handlung" bzw. das „logische Subjekt" genannt werden kann, meist aber unerwähnt bleibt (Hoffmann 1987: 106). Fuchs-Kharkar (1987) zählt den Passivgebrauch zu den auffälligsten Merkmalen der Fach- und Techniksprache. Durch den Gebrauch des Passivs wird eine Energielosigkeit und Schwäche zum Ausdruck gebracht; die Sprache wird somit blutleer, unbestimmt und der Begriff unpersönlich und umfänglicher (Fuchs-Kharkar 1987: 11). Die

Hauptfunktion des Passivs besteht nach Beier darin, daß es „zur Verknüpfung einzelner Sätze zu einem kohärenten Textganzen beiträgt“ (1979: 284). Der vielfache Gebrauch des Passivs ist vor allem in Rechtstexten zu beobachten (Öncü 2011: 35).

In den *Mensch/Technik-interaktionsorientierten Texten* versucht man, Passivkonstruktionen aus Verständlichkeitsgründen generell zu vermeiden. Es wird, wie oben erwähnt, als „Leideform“ bezeichnet (Glück 2000: 514).

Mit dem hohen Passivgehalt in Zusammenhang steht das Zurücktreten des Senders hinter den dargestellten Sachverhalt (Hahn 1983), das sogenannte *Ich-Verbot* (Weinrich 1989: 132 ff.), die Vermeidung der direkten Ansprache des Empfängers und die *Eliminierung des Urhebers* (Köhler 1980: 18). Die Möglichkeit der Eliminierung des Urhebers ist übrigens auch einer der Hauptgründe, warum das Passiv in wissenschaftlichen Fachsprachen besonders beliebt ist:

> Aus dem [...] Wesen des Passivs resultiert auch seine häufigere Verwendung – vor allem in fachwissenschaftlichen Texten – dort, wo vom Agens abgesehen wird und das Geschehen ‚objektiv‘, ohne Agensbezogenheit, dargestellt werden soll. (Helbig/Buscha 1991: 164)

Allerdings weist das Passiv, trotz dieser kritischen Beurteilung, bestimmte Eigenschaften auf, die den Anforderungen der fachsprachlichen Kommunikation – insbesondere der naturwissenschaftlich-technischen – entgegenkommen. Man kann sogar behaupten, dass das Passiv eine Fülle von Vorteilen hat, die dafür sorgen, dass es dennoch aus fachsprachlicher Sicht verwendet wird. Zu nennen sind Reinhardt et al. (1992: 128ff.) oder Köhler (1980):

1) Hervorhebung der Zielgröße einer Handlung

Passivformen ermöglichen es, das Bewirkte, Erzeugte, Bearbeitete usw., also das Handlungsziel, dem der Techniker sein besonderes Augenmerk zuwendet, in Subjektposition zu stellen und es damit an eine exponierte Stelle im Satz treten zu lassen (Köhler 1980: 18). Hierdurch wird eine vom Aktivsatz abweichende kommunikative Struktur erreicht, in der das logische Objekt als Thema oder Basis fungiert (Beier 1979: 284).

BEISPIELE

> Anschluss an Warmwasser **wird empfohlen**, wenn dieses aus einer energetisch günstigen Warmwasserbereitung und geeigneter Installation zur Verfügung steht, z.B. einer Solaranlage mit Zirkulationsleitung.
>
> Güncel saat **aktarılmıştır**.
> Übersetzung
> [Die aktuelle Uhrzeit **ist übernommen**.]

2) *Sprachökonomische Verknüpfungen*

Die Spitzenstellung des logischen Objekts im Passivsatz hat den Vorteil, dass sie eine sprachökonomische Verknüpfung von Aktiv- und Passivprädikaten in einem Satz erlaubt, wie im folgenden Beispiel, das Köhler (1980: 18) in diesem Zusammenhang anführt:

BEISPIELE

> So **wird erreicht**, dass übergelaufene Salzlösung sofort ausgespült wird und keine Korrosion am Spülbehälter auftreten kann.
>
> Böylece yemekler kolayca dışarı **çekilebilmektedir**.
> Übersetzung
> [So **lassen sich** die Gerichte leicht **entnehmen**.]

3) *Eliminierung des Urhebers*

Durch die Verwendung des Passivs ist es möglich, den menschlichen Handlungsträger, der für das Verständnis des beschriebenen technischen Sachverhalts meist unwesentlich ist oder gar nicht angegeben werden kann, unerwähnt zu lassen (Köhler 1980: 18). Das Passiv erlaubt damit auch dem Autor, in den Hintergrund zu treten und vermittelt den Eindruck von Objektivität. Die inhaltliche Leistung der Passivkonstruktionen besteht also u.a., wie von Hahn treffend festhält, in der „Betonung der Unabhängigkeit (Abstraktion) vom Einzelnen", in einer Hinterfragbarkeit des Dargestellten durch Rekurs auf die Methode seines Zustandekommens oder durch eigene Realisierung der Sachverhalte, nicht durch Rekurs auf die Glaubwürdigkeit des Sprechers oder auf die „Mechanismen konkreter Partnermodellierung im Dialog“ (1983: 114).

BEISPIELE

> Es **wurden** zu viele Lebensmittel in den Kühlschrank **gestellt**.
>
> Böylece hata mesajı sil**in**ir.
> Übersetzung
> [Damit **wird** die Fehlermeldung **gelöscht**.]

4) Betonung des sinntragenden Verbs

In Passivkonstruktionen wird das Verb aus der wenig betonten Stelle, an der es in Aktivsätzen erscheinen würde, herausgelöst und in die stark betonte rhematische Endposition gebracht. Damit erscheinen das Prädikat und das Handlungsziel als „die zwei inhaltlich wichtigsten Glieder an den betonten Polen des Satzes“ (Köhler 1981: 249). Dies erleichtert nach Köhler dem Leser sowohl die Aufnahme als auch das Einprägen des Inhalts (1980: 19f.).

BEISPIELE

> Je höher die Temperatur ist und je länger der Backofen **betrieben wird**, desto besser ist das Ergebnis.
>
> Hızlı ısıtma **sonlanır**.
> Übersetzung
> [Die Schnellaufheizung **ist beendet.**]

5) Darstellung eines bewirkten Geschehens

Im Gegensatz zu reflexiven Konstruktionen, durch die sich ein Vorgang als ungewollt ablaufend beschreiben lässt, ermöglichen es Passivstrukturen, diesen als bewusst und absichtlich herbeigeführt darzustellen:

BEISPIELE

> Der Sprühdruck im Unterkorb ***wird*** **verstärkt**.
> Der Sprühdruck im Unterkorb ***verstärkt sich***.

Als wesentliches Charakteristikum von Fachtexten, insbesondere solchen der Naturwissenschaften und der Technik, wird in der einschlägigen Literatur oftmals pauschal ein hoher Passivgehalt genannt (Göpferich 1995: 409). Das Passiv weist zahlreiche Vorzüge auf, die den Anforderungen der Kommunikation in Naturwissenschaften und Technik entgegenkommen (Köhler 1980; 1981).

6) Auszählung

Bei Göpferich (1995: 412) wird „der prozentuale Anteil der Passivformen an der Summe aller finiten Verbformen" gemessen. Für die deutsch- und türkischsprachigen Gebrauchsanleitungen bedeutet das, dass der prozentuale Anteil der Passivformen an der Summe aller finiten Verben ermittelt werden kann. Bei der Zählung der Passivformen wurden folgende grammatikalischen Eigenschaften des Deutschen und des Türkischen mit berücksichtigt.

In den deutschsprachigen Texten sind die meist verwendeten Passivformen berücksichtigt worden. Dazu gehören neben

- dem Vorgangspassiv mit „werden" + Partizip II,
- das Zustandspassiv mit „sein" + Partizip II; auch
- das Dativpassiv mit „bekommen; erhalten; kriegen" + Partizip II.

Weitere Parallelformen des Passivs sind:

1. *gehören* + Partizip II
2. *bringen* + Partizip II
3. *sein, bleiben, stehen, geben, gehen* + Infinitiv mit *zu*
4. *lassen* + *sich* + Infinitiv vom Typ

   „Die Anweisungen lassen sich einfach verstehen."
5. Reflexivkonstruktionen vom Typ

   „Die Gebrauchsanleitung liest sich gut."

Im Türkischen wird das Passiv nach Vokalharmonie[25] durch Suffixe *-il (ıl, -ül, -ul)* oder *-in (-ın, -ün, -un)* oder *-n* gebildet (Aygün 2006: 94). Die Form des Suffixes wird nach dem Stamm des Verbs bestimmt:

[25] Das Türkische ist eine vokalharmonische Sprache. *Vokalharmonie* bedeutet, dass mit wenigen Ausnahmen ein türkisches Wort entweder nur vordere (e, i, ö, ü) oder nur hintere (a, ı, o, u) Vokale enthält. Der erste Vokal des Wortes bestimmt, ob der Vokal der folgenden Silben ein vorderer oder hinterer Vokal sein wird.

Stamm auf Konsonant (außer -l) + -il (-ıl, -ül, -ul)
Stamm auf -l und Vokal: -in (-ın, -ün, -un)

Die Reihenfolge der Passivbildung im Verb verläuft folgendermaßen:

Verbstamm + Passivsuffix + Modalsuffix + Tempussuffix + Personalsuffix

BEISPIELE

z.B.: Gönder-il-meli-ydi-ler

Übersetzung

[Sie mussten geschickt werden.]

Das Türkische besitzt allerdings keine Parallelformen des Passivs, wie es im Deutschen der Fall ist.

Die folgende Tabelle vermittelt einen Überblick über den durchschnittlichen Passivgehalt des untersuchten deutsch- und türkischsprachigen Korpus:

<table>
<tr><th colspan="2" rowspan="3"></th><th colspan="2">Multilinguale Gebrauchsanleitungen</th><th colspan="2">Monolinguale Gebrauchsanleitungen</th></tr>
<tr><th colspan="2">Bosch/Siemens</th><th rowspan="2">Privileg / Bauknecht</th><th rowspan="2">Arçelik / Beko</th></tr>
<tr><th>deutsch</th><th>türkisch</th></tr>
<tr><td colspan="2">Gesamtanteil</td><td>13.342</td><td>13.427</td><td>7.445</td><td>14.486</td></tr>
<tr><td colspan="2">Prozent</td><td>100%</td><td>100%</td><td>100%</td><td>100%</td></tr>
<tr><td rowspan="2">Aktiv</td><td>Anteil</td><td>10.865</td><td>10.899</td><td>6.167</td><td>10.951</td></tr>
<tr><td>%</td><td>83,03%</td><td>81,18%</td><td>81,82%</td><td>75,88%</td></tr>
<tr><td rowspan="2">Passiv</td><td>Anteil</td><td>2.477</td><td>2.528</td><td>1.278</td><td>3.535</td></tr>
<tr><td>%</td><td>16,97%</td><td>18,82%</td><td>18,18%</td><td>24,12%</td></tr>
</table>

Tab. 29: Analyseergebnisse – Passivgehalt

Die Tabelle zeigt auf dem ersten Blick eine deutliche Affinität des Passivgehalts zwischen den beiden Sprachen: Sowohl die türkischsprachigen (durchschnittl. 20,94%) wie auch die deutschsprachigen (durchschnittl. 17,58%) Gebrauchsanleitungen weisen einen annähernd gleichen Prozentanteil auf, der um die 20% beträgt. Der niedrige Passivanteil steht nach Göpferich eng mit dem Gebrauch der direktiven Sprechakte in Zusammenhang (1995: 415). Die Frequenz der Direktiva und des Passivgehalts verhalten sich in den deutsch- und türkischsprachigen Gebrauchsanleitungen geradezu umgekehrt proportional zueinander: In mono- und multilingualen deutschsprachigen Gebrauchsanleitungen beträgt der Anteil der Direktiva an der Summe aller Sprechakte durchschnittlich 60%, der Passivgehalt dagegen 20%. Das legt nahe, dass an dieser Stelle auch eine Beziehung zu dem Gebrauch der Repräsentativa hergestellt werden kann, und zwar kann man daraus folgern, dass die Passivform bei den Repräsentativa deutlich häufiger verwendet wird.

Ein ähnliches Bild ist auch bei den türkischsprachigen Gebrauchsanleitungen zu ermitteln. Die mono- und multilingualen türkischen Gebrauchsanleitungen weisen einen annähernd gleich niedrigen Passivgehalt auf. In mono- und multilingualen türkischsprachigen Gebrauchsanleitungen beträgt der Anteil des Passivs, wie aus der Tabelle zu erkennen, durchschnittlich bei multilingualen Gebrauchsanleitungen 17,76% bei den monolingualen 24,12%. Wenn man sich den Prozentanteil der Direktiva und Repräsentativa der türkischsprachigen Gebrauchsanleitungen in Erinnerung ruft, so ist hier ebenso eine umgekehrte Proportion zu den direktiven Sprechakten zu erkennen: Der Anteil der Direktiva an der Summe aller Sprechakte bei türkischsprachigen Gebrauchsanleitungen liegt bei durchschnittlich 55,48%, der Passivgehalt durchschnittlich bei 20,94%. Das bedeutet, ebenso wie es bei den deutschsprachigen Gebrauchsanleitungen der Fall ist, dass das Passiv lediglich bei Repräsentativa vertreten ist.

Die Differenz im Passivgehalt von deutschsprachigen Gebrauchsanleitungen weicht nur um 3,36% ab. Diese Bilanz ist auf den Prozentanteil der repräsentativen Sprechakte in türkischsprachigen Gebrauchsanleitungen (durchschnittlich 41,10%) zurückzuführen. Dass die türkischsprachigen Gebrauchsanleitungen einen höheren Passivgehalt aufweisen, liegt daran, dass in den türkischsprachigen Gebrauchsanleitungen deskriptive Passagen häufiger vertreten sind als in deutschsprachigen Texten. Dies untermauert wiederum die Hypothese, dass der Passivgehalt bei den Gebrauchsanleitungen eng mit dem Gebrauch der Sprechakte zusammenhängt

Für die Übersetzungspraxis lassen sich aus den Ergebnissen folgende Schlussfolgerungen ziehen:

Die eng beieinander liegenden Werte aus der Tabelle der multlingualen Gebrauchsanleitungen zeigen, dass bei der Übertragung der Gebrauchsanleitungen keine allzu großen Schwierigkeiten auftauchen. Trotz der unterschiedlichen Satzkonstruktion des Türkischen lässt sich der Passivgehalt samt den Parallelkonstruktionen komplikationslos ins Türkische übertragen. Die Lesbarkeit der Passivkonstruktionen im Türkischen ist aufgrund der Suffixkonstruktionen mittels der Endungen wie *-il (-ıl, -ül, -ul)* oder *-in (-ın, -ün, -un)* vergleichsweise einfach, da diese nicht wie im Deutschen analytisch aus mehrteiligen Wortkonstruktionen gebildet werden. Der übersetzungswissenschaftliche Vergleich verdeutlicht ebenso, dass der Übersetzer, der aus dem Deutschen ins Türkische überträgt, weitaus weniger Formulierungsfreiheiten hat als der Übersetzer, der aus dem Türkischen ins Deutsche übersetzt.

3.4.2 Syntaktische Komplexität

Bei den folgenden beiden Analysekriterien handelt es sich um die Analysekategorie „Syntaktische Komplexität“ und „Nebensatzkategorien“. Beide Kriterien beschäftigen sich mit der Frage, ob und inwieweit Berührungspunkte und Differenzen zwischen den deutsch- und türkischsprachigen Gebrauchsanleitungen auf der Ebene des Satzes bestehen. Ferner soll geklärt werden, in welchen Bereichen sprachwissenschaftliche Nuancen in der Art der Nebensätze bestehen und welche Unterschiede bezüglich der nebensatzwertigen Konstruktionen zwischen dem Türkischen und Deutschen vorherrschen.
Zu Beginn dieses Kapitels wurde erwähnt, dass der Begriff *Syntax* in dieser Arbeit im Sinne der traditionellen Grammatik verstanden wird. Der Umstand, dass in der sprachwissenschaftlichen Forschung mehr als 300 Definitionen zum Begriff Syntax bzw. Satz vorliegen, verdeutlicht zugleich, dass die Begriffsbestimmung eines der Hauptprobleme der Syntaxforschung ist (Savaşçı 1998: 10). Um diese Definitionsproblematik zu verdeutlichen, sollen hier nur einige exakte und funktionale Begriffsbestimmungen der Bezeichnung *Satz* vorgestellt werden. In der Satzdefinition des Wahrig (2006: 1269) heißt es:

1. Sprachlicher, nach bestimmten Regeln aufgebauter, sinnvoller Ausdruck eines in sich abgeschlossenen Gedankens.
2. Grundsatz, Lehrsatz, Gesetz.

3. eine Anzahl zusammengehöriger Gegenstände.

Bußmanns Definition zufolge wird der *Satz* als „nach sprachspezifischen Regeln aus kleineren Einheiten konstruierte Redeeinheit, die hinsichtlich Inhalt, grammatikalischer Struktur und Intonation relativ vollständig und unabhängig ist“ (1990: 658) definiert. Im Sinne der traditionellen Grammatik wird der Satz als:

> eine grammatische Einheit verstanden, die relativ selbstständig und abgeschlossen ist, allein stehen kann und distributionell unabhängig ist. (Lyons 1984: 175f.)

Trotz des Fehlens einer allgemeingültigen Definition des Begriffs *Satz* herrscht unter den Sprachwissenschaftlern so gut wie keine Meinungsverschiedenheit darüber, welche sprachlichen Einheiten als Sätze zu betrachten sind und wie die Unterscheidung zwischen den einzelnen Konstruktionen grob vorgenommen werden kann: Der einfache Satz (eS) und der komplexe Satz (kS). Sowohl im Türkischen als auch im Deutschen wird grob zwischen dem einfachen (basit cümle) und dem komplexen Satz (birleşik cümle) unterschieden.
Grundsätzlich beinhaltet *der Satz* zwei verbindliche Satzglieder: *Subjekt und Prädikat* (Dreyer/Schmitt 2007: 126). Die Zweigliedrigkeit des Satzes bildet nach Admoni das *Hauptgerüst des vollständigen Satzes* (1970: 230). Ungeachtet dessen, was die Syntaktiker als *Satz* beschreiben, handelt es sich bei der Bezeichnung *Satz* um eine Kombination von Wörtern, die miteinander verbunden sind oder aber auch um eine Phrase, d.h. anders gesagt, es gibt Einheiten und Beziehungen zwischen ihnen. Für die Analyse dieser Einheiten kann zwischen einfach oder komplex unterschieden werden. Im Grunde geht es indirekt um das Verhältnis von einfachen und komplexen Sätzen, das hier als „Komplexitätsgrad“ bezeichnet wird (vgl. Horn-Helf 2010: 187ff.; Göpferich 1995: 431ff.). Der Komplexitätsgrad kann sowohl diachronisch als auch synchronisch Unterschiede aufweisen. So hat beispielsweise Stahlheber (1992: 185) bei ihrer diachronischen Betrachtung deutscher Syntax in Fachzeitschriften eine Abnahme der Komplexität festgestellt:

> Die Satzkomplexität der deutschen Texte hat in den 75 Jahren von 1913 bis 1987 signifikant um eine ganze Einheit (von 2,64 auf 1,77, d.h. um einen ganzen Teilsatz) abgenommen.

Zu einem ähnlichen Resultat kommt auch Öncü (2012: 301ff.; 2013: 209) bei der Analyse des Komplexitätsgrades der Sätze des türkischen Strafgesetzbuchs: Im Vergleich zum alten Strafgesetzbuch sind die Sätze im neuen Strafgesetzbuch kürzer und einfacher gestaltet. An dieser Stelle ist zu fragen, was die Kriterien für die Einfachheit bzw. Komplexität eines Satzes sind?

1) Der einfache Satz (Basit Cümle)

Der einfachen Satz, der als der wichtigste Satztyp in deutschen und türkischen wissenschaftlich-technischen Texten verstanden wird, liegt nach Auffassung der Duden-Grammatik (1995: 597) „grundsätzlich ein Verb zugrunde" (vgl. Paul/Stolte 1962: 183f.). Unterschiede zeigen das Deutsche und das Türkische bei der Reihenfolge der einzelnen Satzelemente: Die Anordnung einzelner Satzglieder innerhalb eines einfachen Satzes geschieht im Türkischen nach der Reihenfolge: *Subjekt-Objekt-Prädikat (SOP-Schema)* (Çobanoğlu 1993: 79). Im Deutschen allerdings nach der Abfolge: Subjekt-Prädikat-Objekt (SPO-Schema)[26].

[26] Die Satzgliedstellung wird heute zunehmend als einer der wichtigsten Faktoren angesehen, um die wesentlichen Unterschiede zwischen zwei Sprachen zu beschreiben. Joseph Greenberg hat im 20. Jahrhunderts versucht, die Sprachen nach der Stellung von Satzgliedern Subjekt, Objekt und Prädikat im einfachen Satz, nämlich nach der „Basic Word Order" (Grundwortstellung) zu klassifizieren und ihre relevanten Implikationen zu kennzeichnen (1966: 77). Es handelt sich hier zum einen um die Reihenfolge der Hauptfunktionsträger im Satz, zum anderen um die Verwendung von Präpositionen bzw. Postpositionen, sowie um die Stellung des Genitivs oder des Adjektivs als Attribut entweder vor oder nach dem dazugehörigen Nomen. Bei der Grundwortstellung geht man davon aus, dass es in allen Sprachen eine dominante Satzgliedstellung gibt, und dass Kategorien wie Subjekt, Objekt und Prädikat in der syntaktischen Struktur des Satzes eine besondere Stellung einnehmen. Nach Greenberg kann die Satzgliedstellung der meisten Sprachen in den drei Arten: SOP, SPO und PSO stehen. Der Unterschied zwischen den drei Satzgliedstellungstypen liegt hauptsächlich in der Stellung des Prädikats im Satz: erb-initiale Stellung bei PSO, erb- zweit Stellung bei SPO und verb- finale Stellung bei SOP (ebd.). Wenn man im Folgenden versucht, das Deutsche und Türkische den oben genannten Typen zuzuordnen, dann kann das Deutsche eindeutig dem Typ SPO-Schema und das Türkische dem Typ SOP-Schema zugeordnet werden.

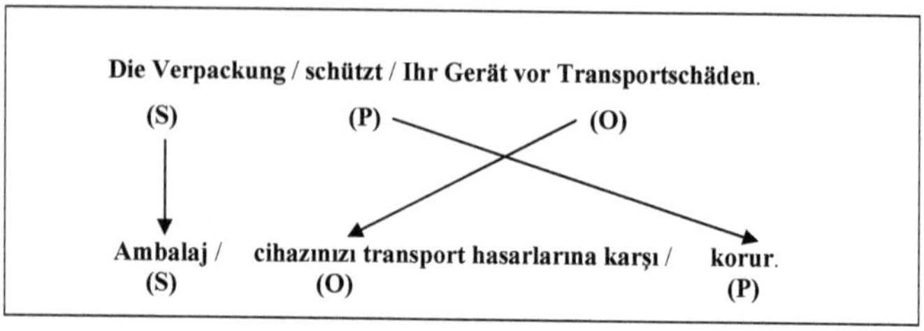

Abb. 4: Satzgliedstellung des einfachen Satzes im Deutschen und Türkischen

Der einfache Satz beinhaltet weder im Deutschen noch im Türkischen einen Neben- und/oder Innensatz, eine Einbettung und/oder ein weiteres Satzgefüge. Dieser Satztyp enthält mindestens zwei Glieder: *Subjekt* und *Prädikat.* Das Subjekt steht sowohl im Deutschen wie auch im Türkischen am Anfang und das Prädikat steht im Türkischen in der Verb-Final-Stellung bzw. Schlussstellung und im Deutschen in der Verb-Zweit-Stellung (Greenberg 1966: 77; Dreyer/ Schmitt 2007: 126f.).

2) Der komplexe Satz (Bileşik Cümle)

Der einfache Satz besteht aus Wörtern und Wortverbindungen, der komplexe Satz enthält mindestens zwei Sätze. Diese Sätze können auf verschiedene Art miteinander gekoppelt sein. Der komplexe *Satz* drückt mehrere Meinungen bzw. Gefühle aus. Er besteht aus einem Hauptsatz (Hauptaussage) und mindestens einem oder mehreren Satzteilen, die die Bedeutung des Hauptsatzes ergänzen, erläutern oder dazu beitragen, dessen Sinn verständlicher zu machen (Nebenaussage). Die Hauptaussage befindet sich als Träger der Hauptaussage am Ende des zusammengesetzten Satzes. Er hat in der Regel die Form eines einfachen Satzes. Die Nebenaussage ist in der Regel kein selbstständiger Satz. Er ergänzt die Bedeutung der Hauptaussage und bildet damit einen zusammengesetzten Satz (Çobanoğlu 1993: 87f).

Wie in den noch anzuführenden Beispielen ausführlicher dargestellt werden soll, haben deutsche und türkische Nebensätze wenig Ähnlichkeit miteinander. Zum größten Teil weisen türkische Entsprechungen der deutschen Nebensätze keinen Satzcharakter auf, sondern eher die Form eines Satzgefüges. Aus diesem Grund kann man die zusammengesetzten Sätze im Türkischen nicht wie im Deutschen in Hauptsätze und Nebensätze einteilen. Daher ist die Kategorisierung für die vorliegende Arbeit im Deutschen und im Türkischen unterschiedlich. Für die Analyse der deutschsprachigen Gebrauchsanleitungen sind folgende Kategorisierungen zu vermerken:

1. *Satzverbindung (SV)*
2. *Satzgefüge (SG)*

Die Satzverbindung (SV), die zwei oder mehr Teilsätze in Koordination umfasst, wird laut Duden-Grammatik (1995: 598) folgendermaßen definiert:

> Die Teilsätze einer Satzverbindung können syndetisch (mit Konjunktionen) oder asyndetisch (ohne Konjunktionen) miteinander verknüpft sein. Dabei kann die Beziehung, die durch die Verknüpfung gestiftet wird, den Wert einer bloßen Anreihung (= kopulative Verbindung) oder Ausschließung (= disjunktive Verbindung) haben. [...]. Es können aber auch spezielle Werte (z.B. der Begründung, der Bedingung, der Folge usw.) vorliegen.

Wie aus der Definition zu entnehmen, kann die Beziehung zwischen den gleichwertigen Sätzen durch Konjunktionen ausgedrückt werden, sie muss es aber nicht.
Ein Satzgefüge (SG) enthält laut der Duden-Grammatik einen Hauptsatz und mindestens einen Teilsatz in Subordination (1995: 599):

> Bei der folgenden Darstellung gehen wir den Möglichkeiten gestufter und in sich komplexer Abhängigkeiten zwischen Teilsätzen nicht weiter nach; in der Regel werden wir mit Beziehungen zwischen zwei Teilsätzen arbeiten. Die Aussagen dazu lassen sich unschwer auf komplexere Gebilde übertragen.

In diesem Sinne ist es im Deutschen oft der Fall, dass ein Satz durchaus mehrere Nebensätze enthalten kann.
Die Gruppe der komplexen Sätze im Türkischen, die für die vorliegende Arbeit ausschlaggebend sind, sind folgende (Ergin 1993: 701ff.; Karahan 1998: 61; Karaağaç 2012: 512f.; Banguoğlu 2007: 249ff.; Çobanoğlu 1993: 61ff.; Sarı 1995: 65ff.):

3. *Konditionalsatz (Kon.S.)*
4. *Zusammengesetzter Satz mit der Konjunktion „ki"*
5. *Mehrfach zusammengesetzter Satz (M.ZS.)*

Da die Bearbeitung dieser Subkategorien in das Themengebiet der „Nebensatzkategorisierung" übergehen würde, soll in diesem Abschnitt zunächst genügen, die „komplexen Sätze" im Türkischen zu bestimmen.

3) Auszählmodus

Den unterschiedlichen Auffassungen von Nebensatzvorstellungen zufolge wird ein unterschiedlicher Auszählmodus bei der Bestimmung der Sätze in deutsch- und türkischsprachigen Gebrauchsanleitungen gewählt. Für die deutschsprachigen Gebrauchsanleitungen wird zunächst ermittelt, wie viele einfache und komplexe Sätze in den ausgewählten Gebrauchsanleitungen vorkommen. Dabei werden zur Ermittlung des Komplexitätsgrades die Korpustexte in ihren Anteilen einfacher bzw. komplexer Sätze gezählt.
Den obigen Definitionen zufolge werden Sätze im Deutschen mit mindestens einem Verb als einfache Sätze betrachtet und Sätze mit mindestens zwei Verben als Satzverbindung angesehen. Sätze, die mindestens einen Nebensatz beinhalten, werden als Satzgefüge gewertet. Im deutschen Korpus wird zwischen dem einfachen und komplexen Satz unterschieden.
Der komplexe Satz wird des Weiteren in Satzverbindungen (Verbindung von mind. 2 Hauptsätzen) und Satzgefügen (Verbindung von einem Hauptsatz und mind. einem Nebensatz) unterschieden. Im Türkischen dagegen wird zwischen dem einfachen Satz (Basit Cümle) und dem zusammengesetzten Satz (Birleşik Cümle) unterschieden.
Eine weitere Unterteilung und Bestimmung der zusammengesetzten Sätze im Türkischen wird im nächsten Abschnitt vorgenommen.

		Multilinguale Gebrauchsanleitungen		Monolinguale Gebrauchsanleitungen	
		Bosch / Siemens		Privileg / Bauknecht	Arçelik / Beko
		deutsch	türkisch		
Gesamtanteil		13.342	13.427	7.445	14.486
Prozent		**100%**	**100%**	**100%**	**100%**
Einfacher Satz	Anteil	9.705	10.143	4.624	11.565
	%	**72,74%**	**75,54%**	**62,11%**	**79,83%**
Kompl.Satz	Anteil	3.637	2.044	2.821	2.921
	%	**27,26%**	**24,46%**	**37,89%**	**20,16%**

Tab. 30: Analyseergebnisse – Syntaktische Komplexität

			Deutschsprachige Gebrauchsanleitungen	
			Bosch / Siemens	Privileg / Bauknecht
Komplexer Satz	**SV**	Anteil	1.289	684
		%	**9,66%**	**9,19%**
	SG	Anteil	2.348	2137
		%	**17,60%**	**28,70%**

Tab. 31: Analyseergebnisse – Komplexer Satz im Deutschen

Den beiden Tabellen können die folgenden interessanten Ergebnisse entnommen werden:

Der Anteil der einfachen Sätze liegt weitaus höher als der Wert der komplexen Sätze. Diese Feststellung gilt sowohl für die deutschsprachigen als auch für die türkischsprachigen Gebrauchsanleitungen. Wenn man sich an Göpferichs Aussage (1995: 434) erinnert, dass die syntaktische Komplexität mit abnehmender Fachlichkeit des Textes zurückgeht, so bestätigt dies, dass die Textsorte der Gebrauchsanleitung, unabhängig der sprachlichen Unterschiede, einen mäßigen Fachlichkeitsgrad aufweist. Anhand der Hierarchie kultureller Spezifik kann es sinnvoll sein, zu behaupten, dass bei diesem Kriterium mehr die mikrokulturellen Eigenschaften, von denen bei Horn-Helf (2010: 84) die Rede ist, zutreffend sind, die die Satzkomplexität einer Textsorte bestimmen. Daraus kann die Schlussfolgerung gezogen werden, dass die Werte für die syntaktische Komplexität mit dem Fachlichkeitsgrad eines Texts zusammenfallen.

Geht man von dem monolingualen Textmaterial aus, so ist offensichtlich, dass der prozentuale Anteil der einfachen Sätze im Türkischen höher ist als in den deutschsprachigen Gebrauchsanleitungen. Mit anderen Worten: Die deutschsprachigen Gebrauchsanleitungen haben eine komplexere Satzstruktur als die türkischsprachigen. Der fast 20%ige Unterschied zwischen den monolingual-deutschsprachigen und monolingual-türkischsprachigen Gebrauchsanleitungen bestätigt dies nachdrücklich.

Ein weiterer Grund, warum die Differenz bezüglich des Komplexitätsgrades deutschsprachiger und türkischsprachiger Gebrauchsanleitungen so hoch ist, liegt darin, dass die Nebensatzkonstruktionen, die im Deutschen zu den komplexen Satzkonstruktionen hinzugezählt werden, im Türkischen nicht als Nebensätze betrachtet werden. Augenscheinlich spielen die sprachlichen Besonderheiten des Deutschen einen wichtigeren Einfluss als die kulturellen.

Parallel dazu kann bei der Betrachtung der Tab. 31 vermerkt werden, dass der Hauptanteil der deutschsprachigen komplexen Sätze aus Satzgefügen besteht. Wie bei Horn-Helf werden Satzverbindungen, die mindestens ein Satzgefüge inhärieren (auch „komplexe Sätze mit Ko- und Subordination" oder „gemischt-komplexe Sätze" genannt) und komplexe Sätze, deren Teile Satzgefüge enthalten und syndetisch (mit Konjunktion) oder asyndetisch verbunden sind, ebenso als Satzgefüge kategorisiert (Horn-Helf 2010: 199).

Aus den obigen Anmerkungen kann für die Übersetzungspraxis folgendes abgeleitet werden:

Der Transfer der komplexen Satzkonstruktionen aus dem Deutschen ins Türkische erfordert eine genaue Kenntnis der türkischen Satzkonstruktion, da die Satzkonstruktionskriterien häufig von denen des Deutschen abweichen. So erfordert die Übersetzung der komplexen Sätze des Türkischen ins Deutsche ebenso einen umfassenden Einblick in die deutsche Satzkonstruktion. Die Übertragung der einfachen Sätze vom Deutschen ins Türkische ist eher unproblematisch, da die Struktur des Türkischen in dieser Hinsicht mit der des Deutschen nahezu völlig übereinstimmt (siehe Abb.4).

Eine Übertragung in die umgekehrte Richtung, also vom Türkischen ins Deutsche, gestaltet sich problematischer, da der einfache Satz im Türkischen weitere Satzgefüge beinhalten kann, die im Deutschen zur Nebensatzkategorie hinzugezählt werden.
Welche Unterscheidungen und Gemeinsamkeiten zwischen den beiden Sprachen bezüglich der Subkategorien der Nebensatzkonstruktionen herrschen, ist das Thema des letzten Abschnitts.

3.4.3 Nebensatzkategorien

Anders als bei den bisherigen Kriterien können für die Untersuchung der Nebensatzkategorien im Türkischen und Deutschen keine gemeinsamen Untersuchungskriterien aufgestellt werden. Einer der Hauptgründe besteht darin, dass das Türkische und das Deutsche, wie im vorherigen Abschnitt erwähnt, unterschiedliche Satzkonstruktionen und demzufolge unterschiedliche Nebensatzkonstruktionen aufweisen. Im Deutschen hat ein Nebensatz innerhalb eines Satzgefüges entweder die Funktion eines Satzgliedes oder nur die eines Untergliedes innerhalb eines selbstständigen Satzgliedes, er kann aber auch wie ein Attribut zur Bestimmung eines Substantivs oder Pronomens dienen (Dreyer/ Schmitt 2007: 149). Für die Feststellung der Nebensatzkonstruktionen in deutschsprachigen Gebrauchsanleitungen sind folgende Kriterien bestimmend: „adverbiale Nebensätze“, „Relativsätze“, „Subjekt- und Objektsätze“ und „Infinitivsätze“ (vgl. Göpferich 1995: 432):

1) Adverbiale Nebensätze (Adverbialsätze)

Lewandoski (1994: 30) bezeichnet adverbiale Bestimmungen als Satzglieder, die die Umstände des vom Satz bezeichneten Geschehens näher bestimmen und hinsichtlich Zeit und Dauer, Ort, Raum und Richtung, Art und Weise, Zweck, Ursache und Folge eingehende Informationen vermitteln:

BEISPIELE

> **Bevor** Sie den Kundendienst rufen, prüfen Sie bitte, ob Sie die Störung nicht selbst beheben können.
> **Damit** Kinder den Backofen nicht versehentlich einschalten, hat er eine Kindersicherung.

2) Relativsätze

Soll eine Person, eine Sache oder ein Begriff durch die Beschreibung eines Sachverhalts identifiziert oder erklärt werden, gebraucht man Relativsätze. Relativsätze folgen unmittelbar auf das durch sie bestimmte Wort und übernehmen im Satz die Rolle des Attributs (Duden-Grammatik 1995: 730). Sie werden aus diesem Grund auch als ‚attributive Relativsätze' bezeichnet:

BEISPIELE

> Jeder Trockner, **der** unser Werk verlässt, wird sorgfältig auf Funktion und einwandfreien Zustand geprüft.
> Obstsaft, **der** vom Backblech tropft, hinterlässt Flecken, **die** nicht mehr entfernt werden können.

3) Subjekt- und Objektsätze

Bei den Subjekt- und Objektsätzen handelt es sich um Nebensätze, die die Funktion eines Subjekts oder Objekts oder einer Subjekt- oder Objektergänzung übernehmen (vgl. Göpferich 1995: 432):

BEISPIELE

> Vergewissern, **dass** Luftkühler eingesetzt ist
> Ein Gebläse verhindert, **dass** sich der Backofen zu sehr aufheizt.

4) Infinitivsätze

Infinitivsätze erklären als Attribute ebenfalls die Inhalte von Begriffen, dabei übernimmt bei Infinitivkonstruktionen mit „um zu" und „ohne zu" die Präposition die Funktion des Verbindungselements (Dreyer/ Schmitt 2007: 83; 176):

BEISPIELE

> Erlauben Sie Kindern nicht, mit dem Gerät **zu** spielen oder es **zu** bedienen.
> **Um** Gefährdungen **zu** vermeiden, darf diese nur über den Kundendienst bezogen werden.

Nach diesem kurzen Einblick in die Nebensatzverteilung des Deutschen sollen die **Subkategorien der Adverbialsätze** dargeboten werden. Die Adverbialsätze sind hier, ähnlich wie bei Göpferich (1995: 433), nach ihrer semantischen Funktion mehrfach in folgende Kategorien untergliedert:

- *konditionale Nebensätze,*
- *temporale Nebensätze,*
- *modale Nebensätze,*
- *kausale Nebensätze,*
- *konsekutive Nebensätze,*
- *finale Nebensätze* und
- *interrogative Nebensätze.*

1) Konditionale Nebensätze

Obwohl Göpferich der Ansicht ist, dass bei den Temporal- und Konditionalsätzen schwer zu entscheiden ist, ob es sich jeweils um temporale oder konditionale Nebensätze handelt, und sie dementsprechend diese beiden Nebensatzkategorien bei der Auszählung zusammen zieht (1995: 433), wird in dieser Arbeit eine strikte Unterscheidung zwischen diesen beiden Kategorien vorgenommen. Der Grund dafür liegt darin, dass im Türkischen die Konditionalsätze als Nebensätze betrachtet werden, die Temporalsätze dagegen nicht. Um einen relativen Vergleich zwischen deutschen und türkischen Konditionalsätzen durchführen zu können, ist diese Separation erforderlich.

BEISPIELE

Nutzen Sie, **falls** vorhanden, die Kindersicherung.
Wenn möglich, die tiefere Universalpfanne verwenden.

2) Temporale Nebensätze

Alle weiteren aufgelisteten Nebensatzkategorien des Deutschen, so auch die temporalen Nebensätze, haben zwar im Türkischen ihre Entsprechungen, doch die jeweiligen Entsprechungen erfüllen im Türkischen nicht die Funktion eines Nebensatzes. Die deutschen Nebensätze, ausschliesslich Konditionalsätze, finden im Türkischen durch Verbalnomina (*Adfiil*), Partizipien (*Sıfatfiil*) oder Gerundien (*Ulaç/ Bağeylem*) ihre Entsprechungen.

BEISPIELE

Lassen Sie das Gerät nach Programmende noch etwas abkühlen, **bevor** Sie es öffnen.
Solange Sie einstellen können, leuchten alle Zeit-Symbole.

3) *Modale Nebensätze*

BEISPIELE

Öffnen Sie den Vorratsbehälter, **indem** Sie die Lasche am Deckel drücken und anheben.
Je höher die Temperatur ist und **je** länger der Backofen betrieben wird, **desto** besser wird das Ergebnis.

4) *Kausale Nebensätze*

BEISPIELE

Sehr kleine Geschirrteile sollten nicht in der Maschine gespült werden, **da** sie leicht aus den Körben fallen können.
Stellen Sie sicher, dass Lebensmittel nicht verderben, **weil** sie zu lange Zeit im Backofen waren.

5) *Konsekutive Nebensätze*

BEISPIELE

Geschirr **so** einräumen, **dass** genügend Freiraum vorhanden ist
Gläser **so** auf das Backblech stellen, **dass** sie sich nicht berühren.

6) *Finale Nebensätze*

BEISPIELE

Teile mit Wölbungen oder Vertiefungen schräg stellen, **damit** das Wasser ablaufen kann.
Immer so weit wie möglich hineinstellen, **damit** das Zubehör nicht die Scheibe der Backofentür berührt.

7) Interrogative Nebensätze

BEISPIELE

Überprüfen Sie die Verpackung, **ob** sie beschädigt ist.

Hier erhalten Sie Tipps, **wie** Sie beim Backen und Braten Energie sparen können und wie Sie Ihr Gerät richtig entsorgen.

8) Auszählmodus

Für die Bestimmung der deutschsprachigen Nebensätze wurde zunächst ermittelt, wie viele Nebensätze und nebensatzwertige Konstruktionen anhand der oben angeführten Nebensatzverteilungskriterien vorkommen. Die folgende Tabelle vermittelt einen Überblick über die Anzahl der Nebensatzverteilung im Deutschen:

		Multilinguale Gebrauchsanleitungen	**Monolinguale Gebrauchsanleitungen**
		Bosch / Siemens	**Privileg / Bauknecht**
Gesamtanteil		2734 [27]	2369
Prozent		**100%**	**100%**
Adverbiale Nebensätze	Anteil	1912	1297
	%	**69,93%**	**54,74%**
Relativsätze	Anteil	270	234
	%	**9,87%**	**9,88%**
Subjekt-Objektsätze	Anteil	333	377
	%	**12,18%**	**15,91%**
Infinitivsätze	Anteil	219	461
	%	**8,01%**	**19,46%**

Tab. 32: Analyseergebnisse – Nebensatzkategorien – Deutschsprachige Gebrauchsanleitungen

[27] Bei der Bestimmung des Gesamtanteils der Nebensatzkategorien wurde jeder einzelne Nebensatz, welcher eine Konjunktion beinhaltet berechnet. Das bedeutet, Satzgefüge, die mehrere Nebensatzkonstruktionen beinhalten, wurden einzeln addiert.

In der obigen Tabelle sind die Angaben, die die analysierten Exemplare der deutschsprachigen Gebrauchsanleitung enthalten, sowohl in absoluter Zahl als auch in prozentualen Angaben innerhalb des Gesamtkorpus angegeben.

Es lässt sich feststellen, dass die adverbialen Nebensätze bei den monolingualen wie auch multilingualen deutschsprachigen Gebrauchsanleitungen den größten Anteil der Nebensatzkategorie einnehmen. Der hohe Anteil der Adverbialfrequenz deutet darauf hin, dass man versucht, in den deutschsprachigen Gebrauchsanleitungen präzise Äußerungen abzufassen, was wiederum den Fachlichkeitsgrad der deutschsprachigen Gebrauchsanleitungen betont. Hierauf deuten nicht nur die adverbialen Nebensätze, sondern auch der relativ hohe Anteil der Relativsätze, Subjekt- und Objektsätze wie auch der Infinitivkonstruktionen.

Bei einem Vergleich der Werte der monolingualen und multilingualen Gebrauchsanleitung ist festzustellen, dass der Gebrauch der Infinitivsätze zugunsten der Explizitheit der syntaktische Komplexität und des hohen Fachlichkeitsgrad höher liegt. Göpferich behauptet, dass die hohe Fachlichkeit bei deutschsprachigen Gebrauchsanleitungen gerade deshalb unerlässlich ist, weil die sprachliche Darstellung in diesen Texten gemäß der mit ihnen verfolgten Kommunikationsabsicht leicht nachvollziehbar und einprägsam sein muss, was durch die Betonung der logischen Beziehungen zwischen den Sätzen, wie sie u.a. durch Adverbialsätze hergestellt werden, gefördert wird (Göpferich 1995: 438).

Im nächsten Schritt wird der Vergleich durchgeführt, wie sich die Verteilung der adverbialen Nebensätze in den unterschiedlichen Subkategorien der adverbialen Nebensätze gestaltet:

		Multilingualе Gebrauchsanleitungen	Monolinguale Gebrauchsanleitungen
		Bosch / Siemens	**Privileg / Bauknecht**
Gesamtanteil		1912	1297
Prozent		**100%**	**100%**
Konsekutive Nebensätze	Anteil	21	41
	%	**1,10%**	**3,16%**
Konditionale Nebensätze	Anteil	755	626
	%	**39,49%**	**48,27%**
Temporale Nebensätze	Anteil	518	172
	%	**27,09%**	**13,26%**
Modale Nebensätze	Anteil	61	47
	%	**3,19%**	**3,62%**
Kausale Nebensätze	Anteil	53	119
	%	**2,77%**	**9,18%**
Interrogrative Nebensätze	Anteil	109	46
	%	**5,70%**	**3,55%**
Lokale Nebensätze	Anteil	68	70
	%	**3,56%**	**5,40%**
Finale Nebensätze	Anteil	101	171
	%	**5,28%**	**13,18%**

Tab. 33: Analyseergebnisse – Subkategorien der Adverbialsätze – Deutschsprachiger Gebrauchsanleitungen

Die obige Tabelle gibt Aufschluss darüber, wie sich im Deutschen die Nebensätze in den untersuchten Textsorten innerhalb der Subkategorien der Adverbialsätze verteilen. In der Tabelle ist angegeben, wie viele adverbiale Nebensatzkategorien im deutschen Gesamtkorpus auf sie entfallen und welchen prozentualen Anteil die Adverbialsätze der Kategorie an der Summe aller Adverbialsätze im Gesamtkorpus ausmachen. Interessant sind hier vor allem die Werte für die konditionalen und temporalen Nebensätze, denn wie ersichtlich ist geht aus der Tabelle hervor, dass Adverbialsätze mit konditionaler und temporaler Funktion sowohl im monolingualen wie auch im multilingualen deutschsprachigen Gebrauchsanleitungen am häufigsten vorkommen.

Wie oben erwähnt, ist die Bestimmung der Nebensätze im Türkischen abweichend von der des Deutschen. In den Grammatikbüchern zur türkischen Sprache herrscht zum Thema Nebensatz ein terminologisches Chaos. In den Büchern des Milli Eğitim Bakanlığı (Das Ministerium für Nationale Erziehung[28]) werden *zusammengesetzte Sätze mit Satzgefüge,* zu denen die Kategorien der Verbalnomina (*Adfiil*), Partizipien (*Sıfatfiil*) und Gerundien (*Ulaç/ Bağeylem*) gezählt werden, zur Kategorie der Nebensätze des Türkischen gerechnet (Doğanay 2010: 264). Allerdings sind die Turkologen gegensätzlicher Ansicht, denn für die Turkologen, und darunter auch das Türk Dil Kurumu (Institut für die türkische Sprache[29]), muss ein Satz, abgesehen davon, ob es ein Neben- oder Hauptsatz ist, unbedingt ein Verb beinhalten. Da die Verbalnomina (*Adfiil*), Partizipien (*Sıfatfiil*) und Gerundien (*Ulaç/ Bağeylem*) im Türkischen keine vollständige Verben enthalten bzw. darstellen, können sie nicht zu den Nebensätzen hinzugezählt werden. Solche Formen der Verben werden im Türkischen als *eylemsi* (verbähnliche) Konstruktionen bezeichnet (Ergin 1993: 701ff.; Karahan 1998: 61; Karaağaç 2012: 512f.; Banguoğlu 2007: 249ff.; Çobanoğlu 1993: 61ff.; Sarı 1995: 65ff.). Hierzu einige Beispiele:

a) Verbalnomina (Adfiil)[30]

BEISPIEL

> Bu kablo, tehlikeli bir durum oluşmasının **<u>önlenmesi için</u>**, sadece yetkili servis tarafından değiştirilmelidir.
> <u>Übersetzung</u>

---

[28] Das Ministerium für Nationale Erziehung regelt in der Türkei die Angelegenheiten von öffentlichen und privaten Schulen von der Vorschulerziehung bis zum Gymnasium. (http://de.wikipedia.org/wiki/Milli_E%C4%9Fitim_Bakanl%C4%B1%C4%9F%C4%B1)

[29] Die Hauptaufgabe des Institut für die türkische Sprache ist die Standardisierung, Modernisierung und Türkisierung der Sprache. (http://de.wikipedia.org/wiki/T%C3%BCrk_Dil_Kurumu).

[30] Verbalnomina bzw. Verbalnomen werden im Türkischen mit Hilfe der *-mek/-mak; -me/-ma* und *-ış/-iş* Suffixe von Verbstämmen abgeleitet (Çobanoğlu 1993: 90).

[**Um** Gefährdungen **zu** vermeiden, darf die Netzanschlussleitung nur über den Kundendienst bezogen werden.]

b) Partizipien (Sıfatfiil)[31]

BEISPIEL

Sadece üreticisi tarafından bulaşık makinesinde yıkanmaya elverişli olduğu tasdik edil**en** cam ve porselen kullanınız.

Übersetzung

[Nur Gläser und Porzellan verwenden, **die** vom Hersteller als spülmaschinenfest bezeichnet werden.]

c) Gerundium (Ulaç/ Bağeylem)[32]

BEISPIEL

Tuşa her basılmasında, ayar değeri bir kademe yükselir; değerine **ulaşınca**, gösterge yeniden (kapalı) değerine atlar.

Übersetzung

[Mit jedem Drücken der Taste erhöht sich der Einstellwert um eine Stufe; **ist der** Wert **erreicht**, springt die Anzeige wieder um.]

Wie zu beobachten, entsprechen die meisten deutschen Nebensätze im Türkischen Satzgefügen (Wortgruppen), deren Funktion einer *verbähnlichen* Konstruktion (*eylemsi*) entspricht. Die Übersetzung dieser Beispiele soll den deutschen Leser allerdings nicht täuschen, da die deutsche Übersetzung dieser Konstruktionen, wie die obigen Beispiele vergegenwärtigen, im Deutschen wiederum einen vollständigen Nebensatz erfordert.

---

[31] Partizipien bzw. Verbaladjektive regieren im Türkischen ihrem verbalen Charakter entsprechend Objekte und bezeichnen temporale und aktionale Aspekte. Die Partizipien haben nominale Eigenschaften und sind sowohl attributiv als auch prädikativ verwendbar. Die attributive Verwendung von Partizipien wird im Deutschen durch Relativsätze mit Relativpronomen wiedergegeben (Çobanoğlu 1993: 98).

[32] Gerundien bzw. Verbaladverbien sind ein wichtiger Bestandteil der türkischen Sprache. Während das Deutsche meistens verschiedene Konjunktionen verwendet, um den Nebensatz mit dem Hauptsatz zu verbinden, bedient sich das Türkische der Gerundien, die aus Verben abgeleitet sind (Çobanoğlu 1993: 109ff).

Für die vorliegende Studie ist der Ansatz der Turkologen zum Thema „Nebensatz" bestimmend. Daher werden Konstruktionen mit Verbalnomina (Adfiil), Partizipien (Sıfatfiil) und Gerundien (Ulaç/ Bağeylem) nicht zu der Kategorie der Nebensätze hinzugerechnet und bei der Auszählung ausgeschlossen. Im Rahmen der vorliegenden Studie werden die folgenden Kategorien – wie bei den Turkologen – als Nebensätze betrachtet (Ergin 1993: 701ff.; Karahan 1998: 61; Karaağaç 2012: 512f.; Banguoğlu 2007: 249ff.; Çobanoğlu 1993: 61ff.; Sarı 1995: 65ff.):

1) *Konditionalsatz*
2) *Zusammengesetzter Satz mit der Konjunktion „ki"*
3) *Mehrfach zusammengesetzter Satz.*

1) Konditionalsatz

Im Deutschen werden die Konditionalsätze mit *wenn* oder *falls* eingeleitet oder ohne Konjunktion in Inversion gebracht. Ein vergleichender Gebrauch ist auch im Türkischen zu beobachten. Der Bedingungssatz im Türkischen kann mit der Konjunktion *eğer* oder *şayet* eröffnet werden. Er wird im Türkischen als *şart cümlesi* oder *koşul cümlesi* bezeichnet. Im Türkischen wird dem Verb des Nebensatzes das Konditionalsuffix *-se/-sa* hinzugefügt. Das Konditionalsuffix kann entweder unmittelbar dem Verbstamm angefügt werden oder als Kopulaform *ise* dem Verb folgen. Diese Art von zusammengesetzten Sätzen, die auf verschiedene Formen des Konditionals beruhen, werden als die einzige Gruppe betrachtet, die von allen Turkologen einheitlich als Nebensätze anerkannt werden (Peters 1947: 159):

BEISPIEL

> Suyun kirlenme derecesi yüksek **ise**, su boşaltılmak üzere dışarı pompalanır ve yerine temiz su alınır.
> Übersetzung
> [**Ist** die Verschmutzung stärker, wird es abgepumpt und durch Frischwasser ersetzt.]

Der persische Einfluss macht sich bei den Nebensätzen dieser Gruppe bemerkbar, und zwar dann, wenn neben der *-se/-sa* Endung oder der Kopulaform *ise* die

Konjunktionen *eğer [wenn]* oder *şayet [wenn möglicherweise]* vorangestellt wird. Die Konjunktion *şayet* kann Konditionalsätzen vorangestellt werden, die eine reale oder mögliche Bedingung ausdrücken. Sie ändert in diesem Fall den Sinn des Nebensatzes in keiner Weise (Sarı 1995: 104). Allerdings kommt die Konjunktion *şayet* sowohl in den monolingual-türkischsprachigen als auch multilingual-türkischsprachigen Gebrauchsanleitungen nicht vor, vielmehr wird ihr Synonym *eğer* verwendet.

Wenn man in den türkischsprachigen Gebrauchanleitungen nach Konditionalsätzen, die mit *eğer* eingeleitet werden, sucht, so stellt man fest, dass in etwa 10% der Konditionalsätze der Gebrauch von *eğer* ermittelt werden kann. Das geringe Vorkommen der *eğer*-Partikel im Türkischen beruht darauf, dass man u.a. den Einfluss des Persischen einschränken möchte.

BEISPIEL

> **Eğer** bulaşık makinesinin üst tarafına bir mikro dalga fırın monte eder**se**niz, bu cihaz zarar görebilir.
>
> Übersetzung
>
> [**Wenn** Sie über dem Geschirrspüler ein Mikrowellengerät einbauen, kann dieses beschädigt werden.]

2) Zusammengesetzter Satz mit der Konjunktion „ki“

Eine heute fast ganz verloren gegangene Möglichkeit im Türkeitürkischen Nebensätze zu bilden, ist die Verbindung zweier Sätze mittels der Konjunktion *ki*. Die Syntax der *ki*-Sätze entspricht oft nicht den Syntaxregeln des türkischen Satzes, weil der Hauptsatz vor *ki* bzw. die Nebenaussage nach der *ki*-Konstruktion steht (Sarı 1995: 115). Auch bei der *ki*-Konstruktion ist der Einfluss des Persischen festzustellen. Die *ki*-Konstruktion kommt immer seltener in der Schriftsprache vor. Im vorliegenden Korpus konnte kein Satz mit *ki*-Konstruktion ermittelt werden. Die Vermeidung der *ki*-Partikel in der Gegenwartssprache des Türkeitürkischen zeigt, dass man dem Einfluss des Persischen konsequent einschränken will. Hierzu soll ein Beispiel aus der Rechtssprache des Türkischen vorgeführt werden, in der man dem Gebrauch der *ki*-Partikel zum Teil noch begegnen kann (vgl. Öncü 2012: 233):

BEISPIEL

YTCK Madde 219 – Görev sırasında din hizmetlerini kötüye kullanma

(5) Şu kadar **ki** kanun işbu sıfatı esasen nazarıitibara almış ise cezayı çoğaltmaya mahal yoktur.

Übersetzung

[YTCK Artikel 219 – Missbrauch von religiösen Ämtern bei der Amtsausübung

(5) Die Erhöhung tritt jedoch nicht ein, wenn diese Eigenschaft schon vom Gesetz berücksichtigt wird.][33]

3) Mehrfach zusammengesetzter Satz

Bei dem mehrfach zusammengesetzten Satz handelt es sich um eine syntaktische Struktur, die aus mehreren Satzgefügen besteht (Çobanoğlu 1993: 81), wie es im folgenden Beispiel deutlich wird:

BEISPIEL

Toz veya sıvı deterjan cihazın içine dağılır **ve** çözülür**;** tablet ise tablet tutma kabının içine düşer **ve** orada dozajlı bir şekilde çözülür.

Übersetzung

[Der Pulver- oder Flüssigreiniger verteilt sich im Gerät **und** wird aufgelöst**,** der Tab fällt in die Tab-Auffangschale **und** löst sich dort dosiert auf.]

Im folgenden Abschnitt sollen die Analyseergebnisse des untersuchten türkischsprachigen Korpus aufgeführt werden:

[33] Die Übersetzung des Artikels 219 ist aus Tellenbach (2008) entnommen.

<table>
<tr><th colspan="2" rowspan="2"></th><th>Multilinguale Gebrauchsanleitungen</th><th>Monolinguale Gebrauchsanleitungen</th></tr>
<tr><th>Bosch / Siemens</th><th>Arçelik / Beko</th></tr>
<tr><td colspan="2">Gesamtanteil</td><td>3284</td><td>2921</td></tr>
<tr><td colspan="2">Prozent</td><td>100%</td><td>100%</td></tr>
<tr><td rowspan="2">Konditional-sätze</td><td>Anteil</td><td>1347</td><td>1266</td></tr>
<tr><td>%</td><td>41,02%</td><td>43,43</td></tr>
<tr><td rowspan="2">Zusammen-gesetzter Satz mit der Konjunktion ki</td><td>Anteil</td><td>0</td><td>0</td></tr>
<tr><td>%</td><td>0,00%</td><td>0,00%</td></tr>
<tr><td rowspan="2">Mehrfach zusammen-gesetzter Satz</td><td>Anteil</td><td>1937</td><td>1655</td></tr>
<tr><td>%</td><td>58,98%</td><td>56,66%</td></tr>
</table>

Tab. 34: Analyseergebnisse – Nebensatzkategorien – Türkischsprachige Gebrauchsanleitungen

In der Tabelle werden die Angaben gezeigt, die die analysierten Exemplare der türkischsprachigen Gebrauchsanleitung enthalten. Die Angaben werden sowohl in absoluten Zahlen als auch in prozentualen Angaben innerhalb des Gesamtkorpus angegeben. Es ist festzustellen, dass die konditionalen Nebensätze und die mehrfach zusammengesetzten Sätze annähernd ähnliche Ergebnisse aufzeigen. Diese Feststellung gilt nicht nur für die monolingualen, sondern auch für die multilingualen türkischsprachigen Gebrauchsanleitungen. Mit dem relativ mäßigen Anteil der mehrfach zusammengesetzten Konstruktionen versucht man, die Gebrauchsanleitungen für die Rezeption des türkischen Lesers verständlicher zu gestalten.

Die Adverbialsätze und die Relativsätze des Deutschen werden im Türkischen durch Satzgefüge wiedergegeben. Infolgedessen werden die präzisen Argumentationen in den deutschsprachigen Gebrauchsanleitungen, die eine Form der Nebensatzkonstruktionen übernehmen, in den türkischsprachigen Gebrauchsanleitungen durch die Verbalnomina (*Adfiil*), Partizipien (*Sıfatfiil*) und Gerundien (*Ulaç*/ *Bağeylem*) ausgedrückt.

Für die Translationspraxis kann man aus den Ergebnissen der Nebensatzkategorien folgende Schlussfolgerung ziehen:
Beim interlingualen Vergleich ist festzustellen, dass die Nebensatzfrequenz ohne nebensatzwertige Konstruktionen bzw. Satzgefüge im Türkischen in den vorliegenden Gebrauchsanleitungen zwar höher ausfällt als im Deutschen, aber sollte man sie mit berücksichtigen, so würden die türkischsprachigen Gebrauchsanleitungen eine weit höhere syntaktische Komplexität aufweisen als die deutschsprachigen.
Dieser feine, in der übersetzungswissenschaftlichen Forschung bisher vernachlässigte interlinguale Unterschied kann sogar die Funktion des Zieltextes beeinträchtigen und würde zu entscheidenden Ergebnissen führen, wenn er nicht beachtet wird.
Sollte der Übersetzer aus dem Deutschen ins Türkische übersetzen, so sollte er erkennen können, dass die Adverbialsätze und Relativsätze durch ein Satzgefüge ins Türkische übertragen werden. Gleichzeitig muss er wissen, dass diese Satzgefüge keine seperaten Satzteile, sondern dem einfachen Satz beigeordnete Zusatzerklärungen sind.
Für die Übertragung aus dem Türkischen ins Deutsche ist es ausschlaggebend, dass nahezu alle Zusatzerklärungen des einfachen Satzes des Türkischen im Deutschen durch eine der vielen Nebensatzvariationen ihre Entsprechungen finden.

4. Zusammenfassung und Ausblick

In ihrem Forschungsdesiderat formuliert Horn-Helf (2010: 570), dass das Thema „Konventionen technischer Kommunikation" durchaus unter Berücksichtigung anderer Makro- und Mikrokulturen untersucht werden sollte. Mit diesem Ziel in Aussicht, konzentrierte sich die vorliegende Arbeit auf die kulturspezifischen Aspekte der deutsch- und türkischsprachigen Gebrauchsanleitungen:
Die vorliegende kontrastive Studie dient als ein Beitrag zur systematischen Analyse der mono- und multilingualen Gebrauchsanleitungen. Die bei der empirischen Analyse verwendeten Gebrauchsanleitungen waren sowohl thematisch, sprachlich als auch zeitlich beschränkt.
Die thematische Einschränkung erstreckt sich dabei auf Gebrauchsanleitungen, die für Weiße Waren (Haushaltsgeräte) verfasst wurden. Damit konnten in der Auswertung Uneinheitlichkeiten vermieden werden, die allein auf der unterschiedlichen Thematik beruhen. Gleichzeitig sind die entsprechenden Geräte weit verbreitet und die Anleitungen zu diesen Geräten können als prototypische Gebrauchsanleitungen betrachtet werden. Da sich alle Texte an Leser ohne Vorkenntnisse richten, konnten auch die Merkmale der Rezipientenschicht weitgehend konstant gehalten werden.
Die sprachliche Einengung bezieht sich auf das Sprachenpaar Türkisch–Deutsch, weil dieses Forschungsterrain bislang unangetastet geblieben ist.
Die zeitliche Beschränkung betrifft den Untersuchungszeitraum, der auf die Gegenwart eingegrenzt wurde.
Da gerade im heutigen Alltag die elektrischen Geräte einer größeren Zahl von Verbrauchern zugänglich sind, ist eine gründliche und systematische Analyse der gegenwärtigen Gebrauchsanleitungen höchst relevant. Generell kann man das Sprachmaterial für beide Sprachen überwiegend auf das Jahr 2012 eingrenzen.
Zur Abdeckung eines möglichst breiten Spektrums an Gebrauchsanleitungen wurde das Korpus unabhängig von der Herstellermarke bestimmt. Allerdings führte die geringe Anzahl verfügbarer türkischer Gebrauchsanleitungen für den interlingualen Vergleich zu gewissen Einschränkungen. Im Vergleich zum Türkischen führte eine breite Angebotsvielfalt an deutschen Gebrauchsanleitungen

im Internet dazu, dass eine größereTextauswahl für die Analyse zur Verfügung stand.

Das zweite Ziel der vorliegenden Analyse war die Überprüfung spezifischer Charakteristika der Text- und Satzmerkmale deutsch- und türkischsprachiger Gebrauchsanleitungen. Es sollte aufgezeigt werden, welche sprach-, kultur- und übersetzungswissenschaftliche Eigentümlichkeiten des deutschen bzw. türkischen Sprachsystems in den Gebrauchsanleitungen zum Vorschein kommen.

Diese Zielsetzungen wurden dadurch präzisiert, dass die Arbeit einen theoretischen und einen empirischen Teil umfasst. Auf der Grundlage der beiden oben erwähnten Zielsetzungen wurde die Untersuchung in drei Kapitel gegliedert:

In den ersten beiden Kapiteln wurden die theoretischen Grundlagen dieser Arbeit bearbeitet.

Das erste Kapitel durchleuchtete das Themenumfeld „deutsche und türkische Kultur im Vergleich", wobei vor allem das interkulturelle Verhältnis dieser beiden Kulturen kontrastiv hervorgehoben wurde, um eine solide Untersuchungsgrundlage für den empirischen Teil herzustellen. Es war nicht beabsichtigt, auf diesen wenigen Seiten möglichst viele kulturwissenschaftliche Fachausdrücke und Definitionen vorzustellen und somit dem Leser eine Art kulturwissenschaftliches Nachschlagewerk zu liefern. Vielmehr sollten an dieser Stelle die für die vorliegende Arbeit wichtigen theoretischen Grundlagen der behandelten Disziplinen als Hintergrund für den empirischen Teil dargelegt werden.

Der komplizierte Sachverhalt *Kultur* wurde im ersten Kapitel in vier Punkten umrissen und ausgearbeitet: Abschnitt 1.1 und 1.2 beschäftigen sich mit den Themen „Kultur – Allgemein" und der „Hierarchie kultureller Spezifik". In Anbetracht der Komplexität des Gegenstandes ist es dabei allerdings weder möglich gewesen, eine umfassende Übersicht über alle relevanten Fachbereiche zu geben, noch die berührten Fachbereiche eingehend zu behandeln. Aus diesem Grund werden die für diese Arbeit notwendigen Grundkenntnisse zum Begriff „Kultur" und zur „Hierarchie der kulturellen Spezifik" dargelegt. Dabei wird der „Kulturbegriff" zuerst mit Bezug auf unterschiedliche „Hierarchiestufen" herausgearbeitet, bevor der für diese Arbeit zugrunde gelegte Kulturbegriff bestimmt wurde.

In den ersten beiden Abschnitten ergab sich als Ergebnis, dass der Terminus „Kultur“ je nach Bearbeitungsumfeld unterschiedlich interpretiert wird. Für die kontrastive Zielsetzung dieser Arbeit erwies sich die Hierarchie der kulturellen Spezifik von Horn-Helf als eine geeignete Ausgangsposition. Eng zusammenhängend mit der Hierarchie der kulturellen Spezifik erfolgte im dritten Abschnitt die Bearbeitung der„differenten Kulturdimensionen zwischen Türken und Deutschen“.

Mit der Ebene der „Makrostruktur“, die einen wichtigen Punkt innerhalb der Hierarchiestufen bei Horn-Helf bildete, ging der Abschnitt auf die Gegenüberstellung der Eigenschaften der türkischen und deutschen Kultur über. Als Grundlage für den Vergleich der beiden Kulturen wurde das *Fünf-Dimensionen-Modell* von Hofstede herangezogen. Anhand der theoretischen Angaben von Hofstede und den treffenden Beispielen wurde festgestellt, dass die deutschen und türkischen Kultureigenschaften in nahezu allen Dimensionen Unterschiede aufzeigen.

Der vierte Abschnitt dieses Kapitels widmete sich dem Themengebiet der *Lokalisierung* und *Internationalisierung* und konzentrierte sich, ausgehend von den kulturellen Grundlagen, auf das Beziehungsgeflecht „Übersetzen: Lokalisierung und Internationalisierung“. Daraufhin wurden die Internationalisierungs- und Lokalisierungsstrategien erläutert und mit Beispielen aus dem deutsch- und türkischsprachigen Untersuchungsmaterial illustriert.

Das zweite Kapitel umfasst das weite Feld der „Gebrauchsanleitungen als Fachtextsorte“. Es wurden zunächst die Hintergründe der „Universalität oder Kulturgebundenheit von Textsortenkonventionen“ dargelegt. Die Auslegungen haben in diesem Abschnitt gezeigt, dass nicht nur Bereiche wie Literaturwissenschaft, sondern auch Gebiete wie Naturwissenschaft, bei denen man dies gemeinhin weniger erwarten würde, eine besondere Kulturgebundenheit aufweisen. Das besagt wiederum, dass die Kulturgebundenheit nicht primär vom Fachgebiet, dem der Text angehört, abhängt, sondern vom jeweiligen Bezugsobjekt. Die darauffolgenden drei Abschnitte *Konventionen, Textsortenkonventionen* und *Fachtextsortenkonventionen* bestätigten diese Feststellungen.

In einem zweiten Schritt wurden die „Gebrauchsanleitungen“ zunächst aus der „textspezifischen Perspektive“ und sodann aus der sprachlichen Sicht fokussiert.

Schließlich wurde die sowohl im Türkischen als auch im Deutschen vorliegende Begriffsvielfalt bezüglich der Bezeichnungen erläutert.
Das Hauptanliegen der Arbeit wurde im dritten Kapitel aufgegriffen, in dem sowohl die textuellen als auch die syntaktischen Analysekriterien für Gebrauchsanleitungen auf der „Ebene des Textes“ und auf der „Ebene des Satzes“ *kontrastiv* hervorgehoben wurden. Die kontrastive Analyse verfolgte das Ziel, sprach-, kultur- und übersetzungswissenschaftliche Besonderheiten, die sich aus den Gebrauchsanleitungen von Firmen des nationalen und internationalen Marktes ergeben, zu analysieren.
Dem Prinzip „vom Allgemeinen zum Speziellen“ folgend, wurde im ersten Abschnitt zunächst auf die Textebene fokussiert. Hier wurden diejenigen Textmerkmale untersucht, die am häufigsten in der Literatur bearbeitet wurden und auch zur Analyse der deutschen und türkischen Sprache geeignet sind. Die textuelle und syntaktische Untersuchung basierte in erster Linie auf einer qualitativen Analyse der Texte, die mittels quantitativer Angaben ergänzt wurde.
In diesem Kapitel wurde die Analyse der textuellen und syntaktischen Ebene der ausgewählten Gebrauchsanleitungen durchgeführt. Die textuelle Analyse bezog sich auf drei Teilaspekte: *Makrostruktur, Sprechakte* und *Personeneinbezug.* Hierfür wurden die Analysekriterien im Sinne der vorliegenden Arbeit vorgestellt. Im ersten Abschnitt wurde die *Makrostruktur* der mono- und multilingualen Gebrauchsanleitungen untersucht.
Die Analyse der Makrostruktur des Untersuchungsmaterials ergab, dass bei der Textsorte *Gebrauchsanleitung* des vorliegenden Materials der deutschsprachigen und türkischsprachigen Texte kein deutlicher Unterschied in der Makrostruktur vorliegt. Sowohl mono- als auch multilingualen Gebrauchsanleitungen inhärieren, auch wenn sie in unterschiedlicher Gewichtung und Reihenfolge vorliegen, nahezu alle notwendigen Textteile einer Gebrauchsanleitung. Daraus lässt sich folgern, dass weder die makrokulturellen noch die mikrokulturellen Eigenschaften, von denen im Kulturmodell von Hofstede die Rede ist, bestimmend waren; vielmehr steht die Ebene der Unternehmenskultur im Vordergrund, da die einzelnen Firmen je nach ihrem Wunsch und ihrer Wahl die Reihenfolge und den Bestand der Textteile bestimmen können. Für den Übersetzer bedeutet das, dass er anhand der nahezu „festen“ Struktur der Gebrauchs-

anleitungen verhältnismäßig unschwer die Übersetzungsleistung durchführen kann, da die Gebrauchsanleitung wiederkehrende Textteile beinhaltet.

Im zweiten Abschnitt wurden die Einheiten der *Sprechakte – 1. Repräsentative; 2. Direktive; 3. Kommissiva; 4. Expressiva; 5. Deklarativa* – samt den einschlägigen Beispielen aus den türkischen und deutschen Gebrauchsanleitungen besprochen. Bei der Untersuchung des Gesamtkorpus hinsichtlich der Sprechaktklassen konnte man eine eindeutige Dominanz repräsentativer und direktiver Sprechakte ermitteln. Sprechakte der übrigen Klassen treten in den analysierten Textsorten verhältnismäßig selten auf; daher wurden sie bei den Auszählungen ausgeschlossen. Die Analyse hat folgende Ergebnisse geliefert:

Einen extrem hohen Anteil direktiver Sprechakte weisen, wie zu erwarten, die Gebrauchsanleitungen im Deutschen auf (direktive Sprechakte: 59,81%, repräsentative Sprechakte: 39,05%). Bei den türkischen Gebrauchsanleitungen herrscht ein abweichendes Ergebnis vor. Der niedrige Anteil der direktiven Sprechakte korreliert mit einem erhöhten Anteil repräsentativer Sprechakte. Dennoch ist der Anteil der direktiven Sprechakte auch im türkischsprachigen Gesamtkorpus in der Überzahl (direktive Sprechakte: 53,49%, repräsentative Sprechakte: 46,36%). Durch das Hervortreten der repräsentativen Sprechakte in türkischsprachigen Gebrauchsanleitungen zeigt sich, dass die Gebrauchsanleitungen nicht nur erläutern, wie der Verbraucher mit dem jeweiligen Produkt umzugehen hat. Es werden ihm im Zusammenhang auch die Einsatzmöglichkeiten des Geräts, sein Gebrauch und seine Funktionsweise dargestellt. Zu diesem Zweck sind deskriptive (repräsentative) Sprechakte notwendig, mit denen in der Statistik ein Rückgang des prozentualen Anteils der Direktiva einhergeht. Die eingehende Untersuchung der direktiven Sprechakte im Korpus verdeutlicht, dass in den türkischen direktiven Sprechakten der Imperativ dem imperativischen Infinitiv vorgezogen wird; umgekehrt kommt es bei den deutschsprachigen Sprechakten vor, dass hier der imperativische Infinitiv favorisiert wird.

Der höhere Anteil von repräsentativen Sprechakttypen im türkischsprachigen Gesamtkorpus ist als Niederschrift des Textes aus der sog. „Entwicklerperspektive" bzw. „Senderperspektive" zu interpretieren. Demgegenüber zeigt die Überzahl der direktiven Sprechakte der deutschsprachigen Gebrauchsanleitung die Gestaltung der Texte aus der „Anwenderperspektive" bzw. „Adressatenperspektive". Während sich die Anwenderperspektive auf eine *geringe Machtdistanz* bezieht, verlangt die „Entwicklerperspektive", bei der der Sender bzw. der Vorgesetzte im Vordergrund steht, eine *große Machtdistanz.* Die Art der Machtdistanz bedingt ebenso, dass in den direktiven Sprechakten der türkischsprachigen Gebrauchsanleitungen der Imperativ verwendet wird, wobei die geringe Machtdistanz den imperativischen Infinitiv der deutschsprachigen Gebrauchsanleitungen untermauert.

Beim Transfer sollte der Übersetzer darauf achten, dass der imperativische Infinitiv des Deutschen im Türkischen durch den Imperativ wiedergegeben wird.

Schließlich wurde als letztes Kriterium der Textebene der *Personeneinbezug* in den deutsch- und türkischsprachigen Gebrauchsanleitungen diskutiert. Die Analyse des Gesamtanteils der Gebrauchsanleitungen zeigt, dass die türkischsprachigen Gebrauchsanleitungen einen weitaus höheren Anteil an Personeneinbezug aufweisen als die deutschsprachigen. Die Ursache liegt darin, dass die direktiven Sprechakte im Türkischen, die meist mithilfe des Imperativs gebildet werden, unerlässlich auf einen Personeneinbezug angewiesen sind. Der Adressat wird auf diese Weise grundsätzlich direkt angesprochen.

In diesem Zusammenhang ist zu vermerken, dass der Anteil des Adressateneinbezugs in den türkischsprachigen Gebrauchsanleitungen höher liegt als in den deutschsprachigen. Ruft man sich in diesem Zusammenhang die kulturellen Dimensionen von Hofstede in Erinnerung, so erkennt man, dass die Art, vor allem Adressaten einzuführen, eng mit der kulturellen Dimension der hohen Machtdistanz in Verbindung steht. Denn die hohe Machtdistanz verlangt, dass, wie es in der Gebrauchsanleitung der Fall ist, der Imperativ verwendet wird, wobei die geringe Machtdistanz den imperativischen Infinitiv der deutschsprachigen Gebrauchanleitungen mit sich bringt. Einer der markantesten Merkmale hoher Machtdistanz ist, dass den Mitarbeitern Anweisungen von Vorgesetzten vorgegeben werden, an denen sie kaum beteiligt sind. Dagegen verlangen die Mitarbeiter einer Kultur mit geringer Machtdistanz keine unmittelbare Imperativform, wie sie in den türkischsprachigen Gebrauchsanleitungen vorkommt.

Bei der Übertragung von deutschsprachigen Gebrauchsanleitungen ins Türkische empfiehlt es sich daher, vor allem bei der Übertragung der *man*-Konstruktionen, das Personalsuffix *-ın* und *-ınız* einzuführen, da diese Strukturen dem Türkischen absolut fremd sind. Bei der Übersetzung der türkischsprachigen

Gebrauchsanleitungen, die das Adressatensuffix *-ın* oder *-ınız* besitzen, ist der Übersetzer genötigt, die Sätze in der Regel mit einer Sie-Konstruktion, Passivkonstruktion oder *man*-Konstruktion und anderen Möglichkeiten des Personeneinbezugs zu variieren.

Der nächste Abschnitt wendet sich der nächsttieferen Sprachbeschreibungsebene zu: d*er Ebene des Satzes*. Das syntaktische Analyseverfahren basierte, wie die textuelle Analyse, in erster Linie auf einer qualitativen Analyse, die mit quantitativen Angaben ergänzt wurde. Der Analyseprozess erfolgte, parallel zur Erforschung der textuellen Ebene, kontrastiv. Im ersten Unterabschnitt stand die Untersuchung des *Passivgehaltes* der Gebrauchsanleitungen im Vordergrund.

Die Analyse des Untersuchungsmaterials ergab, dass sowohl die türkischsprachigen (20,94%) als auch die deutschsprachigen (17,58%) Gebrauchsanleitungen einen annähernd gleichen Prozentanteil aufweisen, der um die 20% beträgt. Der Anteil der Aktivsätze liegt bei 80%. Der niedrige Passivanteil hängt sowohl bei den deutschsprachigen als auch bei den türkischsprachigen Gebrauchsanleitungen eng mit dem Einsatz der direktiven Sprechakte in Zusammenhang. Die Frequenz der Direktiva und der Passivgehalt verhalten sich in den deutsch- und türkischsprachigen Gebrauchsanleitungen geradezu antiproportional zueinander. Die eng beieinanderliegenden Werte aus der Tabelle der multilingualen Gebrauchsanleitungen zeigen, dass die deutsch- und türkischsprachigen Gebrauchsanleitungen einen niedrigen Grad an Fachlichkeit aufweisen und daher bei der Übertragung der Gebrauchsanleitungen keine allzu großen Schwierigkeiten auftreten dürften.

Die geringe Fachlichkeit der Gebrauchsanleitungen wird durch das zweite Analyseverfahren der *Syntaktischen Komplexität* erneut bestätigt. Bei der *Syntaktischen Komplexität* werden die Sätze in zwei Gruppen unterteilt: *einfacher Satz* und *komplexer Satz*. Die Analyseergebnisse zur syntaktischen Komplexität zeigen, dass der Anteil der einfachen Sätze weitaus höher ist als der Wert der komplexen Sätze (einfacher Satz: durchschnittlich 75%; komplexer Satz durchschnittlich 25%). Geht man von dem monosprachlichen Textmaterial aus, so zeigt sich, dass der prozentuale Anteil der einfachen Sätze im Türkischen höher ist als in den deutschsprachigen Gebrauchsanleitungen. Mit anderen Worten: Die deutschsprachigen Gebrauchsanleitungen haben eine komplexere Satzstruktur und somit einen höheren Komplexitätsgrad als die türkischsprachigen. Der fast 20% betragende Unterschied zwischen den monolingual-deutschsprachigen und den monolingual-türkischsprachigen Gebrauchsanleitungen unterstreicht diese Feststellung.

Bei dem Analyseverfahren wurde zudem festgestellt, dass die Kriterien für die Bestimmungen der komplexen Sätze im Türkischen von denen im Deutschen abweichen. So werden die Nebensatzkonstruktionen, die im Deutschen zu den komplexen Satzkonstruktionen hinzugezählt werden, im Türkischen nicht als Nebensätze betrachtet. Dies ergibt sich daraus, dass die Nebensatzkonstruktionen einer anderen Gruppierung unterzogen werden, als ihre Entsprechungen im Türkischen.

Daher erfordert der Transfer der komplexen Satzkonstruktionen aus dem Deutschen ins Türkische eine genaue Kenntnis der türkischen Satzkonstruktionen, ebenso wie der Transfer komplexer Satzkonstruktionen aus dem Türkischen der Kenntnis der deutschen Satzkonstruktionen bedarf.

Beim letzten Analyseverfahren wurden die *Nebensatzkategorien* der beiden Sprachen unterteilt. Für die Feststellung der Nebensatzkonstruktionen in deutschsprachigen Gebrauchsanleitungen sind folgende Kriterien bestimmend: „adverbiale Nebensätze“, „Relativsätze“, „Subjekt- und Objektsätze“ und „Infinitivsätze“. Dabei ist festzuhalten, dass die adverbialen Nebensätze bei den monolingualen wie auch multilingualen deutschsprachigen Gebrauchsanleitungen den größten Anteil der Nebensatzkategorie einnehmen. Daraufhin wurde das Untersuchungsmaterial nach den Subkategorien der Nebensätze im Deutschen in *konditionale, temporale, modale, kausale, konsekutive, finale* und *interrogative Nebensätze* unterteilt. Aus den Analysen ging hervor, dass Adverbialsätze mit konditionaler und temporaler Funktion sowohl in monolingualen als auch in multilingualen deutschsprachigen Gebrauchsanleitungen am häufigsten vorkommen.

Obwohl im Türkischen unterschiedliche Ansätze zur „Bestimmung von Nebensätzen“ vorliegen, weicht die Bestimmung der Nebensätze im Türkischen ganz ab. Diese Ergebnisse belegen, dass die Nebensatzkategorien des Deutschen – „adverbiale Nebensätze“, „Relativsätze“, „Subjekt- und Objektsätze“ und „Infinitivsätze“ – im Türkischen als Satzgefüge eines einfachen Satzes formuliert werden. Für die vorliegende Arbeit sind folgende Kategorien als Nebensätze bestimmt worden: *Konditionalsatz, zusammengesetzter Satz mit der*

Konjunktion „ki" und *mehrfach zusammengesetzter Satz*. Es ist festzuhalten, dass die konditionalen Nebensätze und die mehrfach zusammengesetzten Sätze annähernd gleiche Ergebnisse aufzeigen.

Diese Feststellung gilt nicht nur für die monolingualen, sondern auch für die multilingualen türkischsprachigen Gebrauchsanleitungen. Mit dem relativ mäßigen Anteil der mehrfach zusammengesetzten Konstruktionen werden Gebrauchsanleitungen für die Rezeption des türkischen Lesers verständlicher gestaltet.

Sollte der Übersetzer aus dem Deutschen ins Türkische übersetzen, so muss er erkennen können, dass Adverbial- und Relativsätze durch Satzgefüge ins Türkische übertragen werden. Gleichzeitig sollte er über das Wissen verfügen, dass diese Satzgefüge keine separaten Satzteile, sondern dem einfachen Satz beigeordnete Zusatzerklärungen sind.

Für die Übertragung aus dem Türkischen ins Deutsche ist es ausschlaggebend, dass nahezu alle Zusatzerklärungen des einfachen Satzes des Türkischen im Deutschen ihre Entsprechung durch einen der vielen Nebensatztypen finden.

Im Zuge der Analysen zeigte sich, dass türkischsprachige und deutschsprachige Gebrauchsanleitungen Weißer Ware (Haushaltsgeräte) in ihren Merkmalen auf der Textebene und Satzebene nicht immer deckungsgleich sind. Dabei haben unterschiedliche kulturelle und sprachliche Dimensionen mannigfachen Einfluss.

Wie zu Beginn dieser Arbeit erwähnt, ist eine solche Untersuchung ihrem Wesen nach nur als interdisziplinäres Vorhaben durchzuführen. Der wissenschaftliche Schwerpunkt dieser Arbeit lag dabei auf der linguistischen Analyse im Rahmen der Fachkommunikationsforschung. Ergänzt wurde diese durch Ansätze aus der Kulturwissenschaft und der Übersetzungswissenschaft. Gleichzeitig situiert sich diese Arbeit jedoch auch zwischen diesen wissenschaftlichen Theorien und den Anforderungen der Praxis.

Die vorliegende Studie soll ebenso mit einem Forschungsdesiderat abschließen: Da die Arbeit, wie es in der Literatur immer wieder treffend betont wird, *einen Tropfen auf den heißen Stein* darstellt, ist es wünschenswert, dass sie zu neuen Forschungsleistungen im Bereich der technischen Übersetzung im Sprachenpaar Deutsch–Türkisch anregt.

5. Literaturverzeichnis

Acun, Fatma (Hrsg.) (2009): *Atatürk ve Türk İnkilâp Tarihi.* Ankara: Siyasal Kitapevi.

Adamzik, Kirsten (2004): *Sprache: Wege zum Verstehen.* Tübingen, Basel: Francke Verlag.

Admoni, Wladimir (1970): *Der deutsche Sprachbau.* München: Beck.

Aitken, Martin (2002): Language in specialised contexts: towards a pragmatics of LSP. In: *Fachsprache. International Journal of LSP* 3-4. 90-106.

Aksöz, Filiz (2005): *Almanca Teknik Metinlerin Türkçeye Çevirisinde Ortaya Çıkan Çeviri Güçlükleri ile Teknik Çevirinin Çeviri Eğitimindeki Yeri ve Önemi.* Mersin: Unveröffentlichte Dissertation.

Albrecht, Jörn (1992): Wortschatz vs. Terminologie: Einzelsprachliche Charakteristika in der Fachterminologie. In: Albrecht, Jörn/ Baum, Richard (Hrsg.): *Fachsprache und Terminologie in Geschichte und Gegenwart.* Tübingen: Narr. 59-78.

Arntz, Reiner (2001): *Fachbezogene Mehrsprachigkeit in Recht und Technik.* Hildesheim: Olms.

Austin, John Langshaw (1971): *How to Do Things with Words.* Oxford: Oxford University Press.

Aygün, Mehmet (2006): Das Passiv im Deutschen und im Türkischen. In: *Selçuk Üniversitesi Sosyal Bilimler Enstitüsü Dergisi-* 15. 85-95.

Ballstaedt, Steffen-Peter / **Mandl**, Heinz / **Schnotz**, Wolfgang / **Tergan**, Sigmar-Olaf (1981): *Texte verstehen, Texte gestalten.* München: Urban& Schwarzenberg.

Ballstaedt, Steffen-Peter (1999): Textoptimierung: Von der Stilfibel zum Textdesign. In: *Fachsprache. International Journal of LSP* 3-4. 98-124.

Banguoğlu, Tahsin (2007): *Türkçenin Grameri.* Ankara: Türk Dil Kurumu Yayınları.

Baumann, Klaus-Dieter (1992): *Integrative Fachtextlinguistik.* Tübingen: Narr.

Beck, Ulrich (1997): *Was ist Globalisierung? Irrtümer des Globalismus - Antworten auf Globalisierung.* Frankfurt: Suhrkamp.

Beier, Rudolf (1979): Zur Syntax in Fachtexten. In: Mentrup, Wolfgang (Hrsg.): *Fachsprache und Gemeinsprache*. Düsseldorf: Pädagogischer Verlag Schwann. 276-301.

Beimel, Matthias / **Maier**, Lothar (1988): *Optimierung von Gebrauchsanleitungen*. Dortmund: Bundesanstalt für Arbeitsschutz.

Bolten, Jürgen (2007): *Interkulturelle Kompetenz*. Erfurt: Landeszentrale für politische Bildung Thüringen.

Brandauer, Eva (2007): *Kulturbezogener Fremdsprachenunterricht im Zielsprachenland*. Hamburg: Verlag Dr. Kovač.

Brendl, Erich / **Brendl**, Miguel (1991): *Sichere Gebrauchsanleitungen erstellen und erkennen*. Freiburg im Breisgau: Haufe.

Brinker, Klaus (2005): *Linguistische Textanalyse. Eine Einführung in Grundbegriffe und Methoden*. Berlin: Schmidt.

Brockhaus (2006): *Der Brockhaus in drei Bänden*. Vierte aktualisierte Auflage. Leipzig, Mannheim: F.A. Brockhaus.

Bußmann, Hadumod (1990): *Lexikon der Sprachwissenschaft*. Stuttgart: Kröner.

Clement, Daniele (2005): *Syntaktisches Grundwissen*. Wiesbaden: VS. Verlag für Sozialwissenschaften.

Çobanoğlu, Mustafa Kemal (1993): *Türkisch-deutsch: morphosyntaktische Untersuchungen mit PLL (Programming language for linguistics) und ein Modell zur maschinellen Übersetzung*. Frankfurt am Main et al.: Peter Lang.

D'Andrade, Roy (1981): The Cultural Part of Cognition. In: *Cognitive Science* 5, 179-195.

Dal, Mine (1999): *Çeviribilim ve Anlaşılırlık Araştırmaları Açısından Buzdolabı Kullanma Kılavuzları*. İstanbul: Unveröffentliche Dissertation.

De Beaugrande, Robert / **Dressler**, Wolfgang (1981): *Einführung in die Textlinguistik*. Tübingen: Niemeyer.

Devellioğlu, Ferit (2008): *Osmanlıca-Türkçe Ansiklopedik Lûgat*. Ankara: Aydın Kitabevi Yayınları.

Doğanay, Haydar (2010): *9. Sınıf Dil ve Anlatım Edebiyat Konu Anlatımlı*. Ankara: Ayrıntı Basımevi.

Dreyer, Hilke / **Schmitt**, Richard (2007): *Lehr- und Übungsbuch der deutschen Grammatik*. Ismaning: Max Hueber Verlag.

Duden- Grammatik (1995): *Die Grammatik.* Band 4. Mannheim et al.: Duden Verlag

Eğit, Yadigar (1998): *Höflichkeit und Höflichkeitsformen. Überlegungen am Beispiel des Stereotyps "Entschuldigungen" im Deutschen und Türkischen.* İzmir: Ege Üniversitesi Basımevi.

Eğit, Yadigar (2002): Yazın Çevirisinde Karşılaşılan Sorunlar: Heinrich Böll'ün "Der blasse Hund" Başlıklı öykü kitabının Türkçe Çevirisi Örneğiyle. In: *Ege Forschungen zur Sprach- und Literaturwissenschaft.* İzmir, 2002. Bd.4, S. 61-72

Eğit, Kasım / **Eğit**, Yadigar (2011): Interkulturelle Aspekte bei der Übersetzung der Romane Buddenbrooks und Effi Briest ins Türkische. In: Ozil, Seyda / Hofmann, Michael / Dayioglu-Yücel, Yasemin (Hrsg.): *Türkisch-deutscher Kulturkontakt und Kulturtransfer: Kontroversen und Lernprozesse.* Göttingen: V&R unipress GmbH. 279-290

Ergin, Muharrem (1993): *Türk Dil Bilgisi.* İstanbul: Bayrak

Eruz, Sakine (2000): *Çeviride ve Çeviri Eğitiminde Koşut Metinler.* İstanbul Üniversitesi Çeviri Bölümü. Rektörlük Yayınları No. 4238

Eruz, Sakine (2009): Kulturspezifik der Fachtexte als Bezugsgrösse in der Translation. In: Hess-Lüttich, Ernest (Hrsg.): *Translation und Transgression.* Frankfurt am Main et al.: Peter Lang. S. 109-124

Fiedler, Sabine (1991): *Fachtextlinguistische Untersuchungen zum Kommunikationsbereich der Pädagogik dargestllt an relevanten Fachtextsorten im Englischen.* Frankfurt am Main et al.: Peter Lang.

Fleischmann, Eberhard (1999): Die Translation aus Sicht der Kultur. Kulturelle Modelle der Translation. In: Gil, Alberto / Haller, Johann / Steiner, Erich / Gerzymisch-Arbogast, Heidrun (Hrsg.): *Modelle der Translation. Grundlagen für Methodik, Bewertung, Computermodellierung.* Frankfurt am Main et al.: Peter Lang. 59-77.

Forner, Werner (1992): Sinn und Text in technischer Kommunikation. Fachsprachliche Vertextungsstrategien eines häufigen Argumentationsschemas – am Beispiel von französischen Texten zur Elektronik. In: Albrecht, Jörn / Baum, Richard (Hrsg.): *Fachsprache und Terminologie in Geschichte und Gegenwart.* Tübingen: Narr. 197-221.

Fuchs-Khakhar, Christine (1987): *Die Verwaltungssprache zwischen dem Anspruch auf Fachsprachlichkeit und Verständlichkeit.* Tübingen: Stauffenburg.

Galtung, Johann (1983): Struktur, Kultur und interkultureller Stil. Ein vergleichender Essay über sachsonische, teutonische, gallische und nipponische Wissenschaft. In: *Leviathan* 2. 303-338.

Gebert, Dörte (1988): *Gebrauchsanweisungen als Marketing-Instrument.* Wiesbaden: Forkel-Verlag.

Geertz, Clifford (1973): *The Interpretation of Cultures. Selected Essays.* New York: Basic Books.

Gercken, Jürgen (1999): *Kultur, Sprache und Text als Aspekte von Original und Übersetzung.* Frankfurt a.M.et al.: Peter Lang.

Gläser, Rosemarie (1990): *Fachtextsorten im Englischen.* Tübingen: Narr.

Gläser, Rosemarie (1992): Methodisches Konzepte für das Tertium comparationis in der Fachsprachenforschung- dargestellt an anglistischen und nordistischen Arbeiten. In: Baumann, Klaus-Dieter / Kalverkämper, Hartwig (Hrsg.): *Kontrastive Fachsprachenforschung.* Tübingen: Narr. 78-92.

Glück, Helmut (Hrsg.) (2000): *Metzler Lexikon Sprache.* Stuttgart, Weimar: Verlag J.B. Metzler.

Göhring, Heinz (1978): Interkulturelle Kommunikation: Die Überwindung der Trennung von Fremdsprachen- und Landeskundeunterricht durch einen integrierenden Fremdverhaltensunterricht. In: *Kongressberichte der 8. Jahrestagung der GAL.* Stuttgart: Hochschulverlag. 9-14.

Goodenough, Ward H. (1964): Cultural Antropology and Linguistics. In: Dell Hymes (ed.). *Language in Culture and Society. A Reader in Linguistics and Antropology.* New York: Harper& Row. 1964. Ch.3. 36-39.

Goodenough, Ward H. (1981): *Culture, Language and Society.* Second edition. Menlo Park: Benjamin / Cummings. (Benjamin / Cummings Paperback in Anthropology / First edition: Addison-Wesley Module in Anthoropology. 7).

Göpferich, Susanne (1992): Eine pragmatische Typologie von Fachtextsorten der Naturwissenschaften und der Technik. In: Baumann, Klaus-Dieter / Kalverkämper, Hartwig (Hrsg.): *Kontrastive Fachsprachenforschung.* Tübingen: Narr. 190-210.

Göpferich, Susanne (1995): *Textsorten in Naturwissenschaft und Technik. Pragmatische Typologie – Kontrastierung – Translation*. Tübingen: Narr.

Göpferich, Susanne (1996): Direktive Sprechakte im Textsortenspektrum der Kraftfahrzeugtechnik: Konventionen im Deutschen und im Englischen. In: Baumann, Klaus-Dieter / Kalverkämper, Hartwig (Hrsg.): *Fachliche Textsorten. Komponenten – Relationen – Strategien*. Tübingen: Narr. 65-99.

Göpferich, Susanne (1998): *Interkulturelles Technical Writing. Fachliches adressatengerecht vermitteln. Ein Lehr- und Arbeitsbuch*. Tübingen: Narr.

Göpferich, Susanne (1998a): Fachtextsorten der Naturwissenschaften und Technik - ein Überblick. In: Hoffmann, Lothar / Kalverkämper, Hartwig / Wiegand, Herbert Ernst (Hrsg.): *Fachsprachen / Languages for Special Purposes: Ein internationales Handbuch zur Fachsprachenforschung und Terminologiewissenschaft*. New York, Berlin: de Gruyter. 545-556.

Göpferich, Susanne (2006): *Textproduktion im Zeitalter der Globalisierung. Entwicklung einer Didaktik des Wissenstransfers*. Tübingen: Stauffenburg.

Greenberg, Joseph Hockett (1966): *Universals of Human Language*, volume 2. Stanford: Stanford University Press.

Grewendorf, Günther / **Hamm**, Fritz / **Sternefeld**, Wolfgang (1991): *Sprachliches Wissen. Eine Einführung in moderne Theorien der grammatischen Beschreibung*. Frankfurt a.M.: Suhrkamp.

Grosse, Siegfried / **Mentrup**, Wolfgang (1982): *Anweisungstexte*. Tübingen: Narr.

Gudykunst, William B. / **Kim**, Young Yun (1992): *Communicating with Strangers. An approach to intercultural communication*. New York et al.: McGraw-Hill.

Gülmüş, Zehra (2007): *Muttersprachliche Ansprache als Integrationsstrategie: Eine translatologische Studie zu türkischsprachigen Informationsangeboten*. Frankfurt am Main et al.: Peter Lang.

Gülmüş, Zehra (2010): Heinrich von Kleists Novelle "Die Marquise von O…" auf Türkisch. Versuche, Heinrich von Kleist dem türkischen Leser heranzuführen. In: Eğit, Yadigar (Hrsg.): *XI. Türkischer Germanistik. Sprache – Literatur – Kultur*. Izmir. Ege Üniversitesi Matbaası. S. 437-450

Gündoğdu, Mehmet (2007): *Übersetzbarkeit und Vermittlungsmöglichkeiten der deutschen linguistischen Fachsprache*. Hamburg: Verlag Dr. Kovač.

Hahn, Walter von (1983): *Fachkommunikation. Entwicklung, Linguistische Konzepte, Betriebliche Beispiele.* Sammlung Göschen 2223. Berlin, New York: de Gruyter.

Hansen, Klaus (2000): *Kultur und Kulturwissenschaft.* Tübingen, Basel: Francke.

Hartmann, Peter (1971): Texte als linguistisches Objekt. In: Stempel, Wolf-Dieter (Hrsg.): *Beiträge zur Textlinguistik.* München: Fink. 9-29.

Heinemann, Wolfgang / Viehweger, Dieter (1991): *Textlinguistik: Eine Einführung.* Tübingen: Niemeyer.

Helbig, Gerhard / Buscha, Joachim (1991): *Deutsche Grammatik. Ein Handbuch für den Ausländerunterricht.* Leipzig: Langenscheidt Verlag Enzyklopädie.

Henes, Ulrich (2002): Mehr als Übersetzen. In: *Technische Kommunikation – Fachzeitschrift für Technische Dokumentation und Informationsmanagement* 3. 19-23.

Hensel, Cornelia (1987): *Produktbegleitende Texte- der Versuch einer Analyse unter illokutionärem Aspekt.* Diss. Leipzig.

Hoffmann, Lothar (1983): Fachtextlinguistik. In: *Fachsprache / International Journal of LSP* 5.2. 57-68.

Hoffmann, Lothar (1985): *Kommunikationsmittel Fachsprache.* Tübingen: Narr.

Hoffmann, Lothar (1987): *Fachsprachen – Instrument und Objekt.* Linguistische Studien. Leipzig: VEB Verlag Enzyklopädie.

Hoffmann, Lothar (1988): *Vom Fachwort zum Fachtext. Beiträge zur Angewandten Linguistik.* Tübingen: Narr.

Hoffmann, Lothar (1998): Die Bedienungsanleitung für fachexterne Adressaten. In: Hoffmann, Lothar / Kalverkämper, Hartwig / Wiegand, Herbert Ernst (Hrsg.): *Fachsprachen / Languages for Special Purposes: Ein internationales Handbuch zur Fachsprachenforschung und Terminologiewissenschaft.* New York, Berlin: de Gruyter. 568-574.

Hoffmann, Lothar (1999): Objekt, System und Funktion in der wissenschaftlich-technischen Fachkommunikation. In: *Fachsprachen. International Journal of LSP* 1-2. 28-37.

Hofstede, Geert (1991): *Cultures and Organizations. Software of the Mind. Intercultural Cooperation and its Importance for Survival.* 1. Auflage. London: McGraw-Hill.

Hofstede, Geert (1997): *Cultures and Organizations. Software of the Mind. Intercultural Cooperation and its Importance for Survival.* 2. Auflage. London: McGraw-Hill.

Hofstede, Geert (2001): *Lokales Denken, globales Handeln. Interkulturelle Zusammenarbeit und globales Management.* 2. Auflage. München: Deutscher Taschenbuch Verlag.

Hofstede, Geert (2011): *Lokales Denken, globales Handeln. Interkulturelle Zusammenarbeit und globales Management.* 5. Auflage. München: Deutscher Taschenbuch Verlag.

Hoft, Nancy (1995): *International Technical Communication. How to export information about high technology*. New York et al.: John Wiley& Sons.

Holton, Robert (2005): *Making Globalization.* New York: Palgrave Macmillan.

Hönig, Hans G. / **Kussmaul**, Paul (1984): *Strategie der Übersetzung. Ein Lehr- und Arbeitsbuch.* Tübingen: Narr.

Horn-Helf, Brigitte (1999): *Technisches Übersetzen in Theorie und Praxis.* Tübingen: Francke.

Horn-Helf, Brigitte (2007): *Kulturdifferenz in Fachtextsortenkonventionen. Analyse und Translation.* Frankfurt am Main et al.: Peter Lang.

Horn-Helf, Brigitte (2010): *Konventionen technischer Kommunikation: Makro- und mikrokulturelle Kontraste in Anleitungen.* Berlin: Frank & Timme.

Hörning, Karl (1988) Technik im Alltag und die Widersprüche des Alltäglichen. In: Joerges, Bernward (Hrsg.): *Technik im Alltag.* Frankfurt a.M.: Suhrkamp. 51-94.

Isenberg, Horst (1977): Text versus Satz. In: Daneš, František / Viehweger, Dieter (Hrsg.): *Probleme der Textlinguistik II. Studia Grammatica XVIII.* Berlin: Akademie-Verlag.

Jakob, Karlheinz (1991): *Maschine, Mentales Modell, Metapher.* Tübingen: Niemeyer.

Jakob, Karlheinz (1998): Techniksprache als Fachsprache. In: Hoffmann, Lothar / Kalverkämper, Hartwig / Wiegand, Herbert Ernst (Hrsg.): *Fachsprachen / Languages for Special Purposes: Ein internationales Handbuch* *zur Fachsprachenforschung und Terminologiewissenschaft.* New York, Berlin: de Gruyter. 142-150.

Kalverkämper, Hartwig (1981): *Orientierung zur Textlinguistik.* Tübingen: Niemeyer.

Kalverkämper, Hartwig (1983): Textuelle Fachsprachen-Linguistik als Aufgabe. In: *Lili-Zeitschrift für Literaturwissenschaft und Linguistik* 13. 124-166.

Kalverkämper, Hartwig (1987): Vom Terminus zum Text. In: Sprissler, Manfred (Hrsg.): *Standpunkte der Fachsprachenforschung.* Tübingen: Narr. 39-78.

Kalverkämper, Hartwig (1990): Gemeinsprache und Fachsprachen – Plädoyer für eine integrierende Sichtweise. In: Stickel, Gerhard (Hrsg.): *Deutsche Gegenwartssprache. Tendenzen und Perspektiven.* Jahrbuch 1989. Berlin, New York: de Gruyter. 88-133.

Kalverkämper, Hartwig (1992): Die kulturanthropologische Dimenion von 'Fachlichkeit' im Handeln und Sprechen. Kontrastive Studien zum Deutschen, Englischen, Französischen, Italienischen und Spanischen. In: Albrecht, Jörn / Baum, Richard (Hrsg.): *Fachsprache und Terminologie in Geschichte und Gegenwart.* Tübingen: Narr. 31-58.

Kalverkämper, Hartwig (1993): Das fachliche Bild. Zeichenprozesse in der Darstellung wissenschaftlicher Ergebnisse. In: Schröder, Hartmut (Hrsg.): *Fachtextpragmatik.* Tübingen: Narr. 215-238.

Kalverkämper, Hartwig (1998): Bildsemiotik fachlicher Informationsanliegen – zugleich eine diachrone Argumentation für das narrative wissenschaftliche Bild. In: Danneberg, Lutz / Niederhauser, Jürg (Hrsg.): *Darstellungsformen der Wissenschaften im Kontrast. Aspekte der Methodik, Theorie und Empirie.* Tübingen: Narr. 349-410.

Kalverkämper, Hartwig (2003): Nonverbale Kommunikation. In: Ueding, Gert (Hrsg.): *Historisches Wörterbuch der Rhetorik.* Band 6. 307-337.

Kalverkämper, Hartwig (2004): Translation – Anforderungen an eine Inter-Kunst. In: Rega, Lorenza / Magris, Marella (Hrsg.): *Übersetzen in der Fachkommunikation / Comunicazione specialistica e traduzione.* Tübingen: Narr. 21-73.

Kalverkämper, Hartwig (2010): 'Kultur' und 'Kulturalität': Orientierungsbegriffe für die Translationskultur. In: Grbić, Nadja / Hebenstreit, Gernot / Vorderobermeier, Gisella / Wolf, Michaela (Hrsg.): *Translationskultur revisited. Festschrift für Erich Prunč.* Tübingen: Stauffenburg. 33-57.

Kalverkämper, Hartwig (2012): Entgrenzte Kommunikation. Übersetzen und Dolmetschen in der globalisierten Welt. In: Kalverkämper, Hartwig / Schippel, Larisa (Hrsg.): *"Vom Altern der Texte." Bausteine für eine Geschichte der interkulturellen Wissenstransfers.* Berlin: Frank & Timme. 39-84.

Kalverkämper, Hartwig / **Schippel**, Larisa (Hrsg.) (2009): *Translation zwischen Text und Welt – Translationswissenschaft als historische Disziplin zwischen Moderne und Zukunft.* Berlin: Frank & Timme.

Kaplan, Robert (1980): Cultural Thought Patterns in Intercultural Education. In: Croft, Kenneth (Hrsg.): *Readings on English as a Second Language.* Boston, Toronto: Little, Brown and Company. 399-418.

Karaağaç, Günay (2012): *Türkçenin Dil Bilgisi.* Ankara: Akçağ.

Karahan, Leylâ (1998): *Türkçede Söz Dizimi.* Ankara: Akçağ.

Knapp, Karlfried / **Knapp-Potthoff**, Annelie (1990): Interkulturelle Kommunikation. In: *Zeitschrift für Fremdsprachenforschung* 1. 62-93.

Köhler, Claus (1980): Syntaktisch-stilistische Besonderheiten deutscher naturwissenschaftlich-technischer Fachtexte. In: Neubert, Gunter (Hrsg.): *Textgattungen der Technik: Praktische Hinweise für den Übersetzer.* Berlin: Hauptvorstand der Vereinigung der Sprachmittler der DDR. 9-28.

Köhler, Claus (1981): Zum Gebrauch von Modalverben und Passivfügungen in der deutschen Fachsprache der Technik. In: Hahn, Walter von (Hrsg.): *Fachsprachen.* Darmstadt: Wissenschaftliche Buchgesellschaft. 239-261.

Kösler, Bertram (1992): *Gebrauchsanleitungen richtig und sicher gestalten. Forschungsergebnisse für die Gestaltung von Gebrauchsanleitungen.* Wiesbaden: Forkel.

Krings, Hans (1996): *Wissenschaftliche Grundlagen der technischen Kommunikation.* Tübingen: Narr.

Langer, Inghard / **Schulz** von Thun, **Friedemann** / Tausch, Reinhard (1993): *Sich verständlich ausdrücken.* München, Basel: Ernst Reinhardt.

Lehrndorfer, Anne (1995): *Kontrollierte Sprache und übersetzungsgerechtes Layout. Doku '95: schreiben-illustrieren- übersetzen. 6./7. November 1995. Leonberg. 12 Referate.* Weinstadt: Adolph. 119-130.

Lehrndorfer, Anne (1996): *Kontrolliertes Deutsch. Linguistische und sprachpsychologische Leitlinien für eine (maschinell) kontrollierte Sprache in der Technischen Dokumentation.* Tübingen: Narr.

Lehrndorfer, Anne (1999): Neue Fachsprache für die Technische Dokumentation? In: *Fachsprache. International Journal of LSP*. 1-2. 38-52.

Levitt, Theodore (1983): The Globalization of Markets. In: Harvard Business Review. 61(3). 92-102.

Lewandowski, Theodor (1994): *Linguistisches Wörterbuch.* Wiesbaden. Quelle& Meyer.

Lewis, K. David (1969): *Convention. A Philosophical Study.* Cambridge (Mass.): Harvard Univ.Press.

Lyons, John (1984): *Einführung in die moderne Linguistik.* München: Beck.

Maletzke, Gerhard (1996): *Interkulturelle Kommunikation: Zur Interaktion zwischen Menschen verschiedener Kulturen.* Opladen: Westdeutscher Verlag.

Mauritz, Hartmut (1996): *Interkulturelle Geschäftsbeziehungen.* Wiesbaden: Deutscher Universitäts-Verlag.

Moser, Brigitte / **Weithmann**, Michael (2008): *Landeskunde Türkei. Geschichte, Gesellschaft und Kultur.* Hamburg: Helmut Buske Verlag.

Moser-Weithmann, Brigitte (2001): *Türkische Grammatik.* Hamburg: Helmut Buske Verlag.

Nickl, Markus (2001): *Gebrauchsanleitungen. Ein Beitrag zur Textsortengeschichte seit 1950.* Tübingen: Narr.

Oldenburg, Hermann (1992): *Angewandte Fachtextlinguistik. ‚Conclusions' und Zusammenfassungen.* Tübingen: Narr.

Öncü, Mehmet Tahir (2011): *Probleme interkultureller Kommunikation bei Gerichtsverhandlungen mit Türken und Deutschen.* Berlin: Frank & Timme.

Öncü, Mehmet Tahir (2012): *Die Rechtsübersetzung im Spannungsfeld von Rechtsvergleich und Rechtssprachvergleich. Zur deutschen und türkischen Strafgesetzgebung.* Berlin: Frank & Timme.

Öncü, Mehmet Tahir (2013): Modifikation der fachsprachlichen Satzstruktur am Beispiel des neuen türkischen Strafgesetzbuchs (YTCK). In: Uysal Ünalan, Saniye/Tanış Polat, Nilgin/Öncü, Mehmet Tahir (Hrsg.): *Von Generation zu Generation: Germanistik-Festschrift für Kasım Eğit zum 65. Geburtstag.* Izmir: Ege Üniversitesi Basımevi. 197-213.

Oomen, Ursula (1972): Systemtheorie der Texte. In: *Folia Linguistica* 5.1-2: 12-34.

Öztürk, Kadriye (2010): Ist literarische Übersetzung eine Kulturbrücke? - Das Verschwinden der kulturellen und sprachlichen Differenzen in der literarischen Übersetzung. In: Eğit, Yadigar (Hrsg.): *XI. Türkischer Internationaler Germanistik Kongress. 20-22 Mai.2009.* İzmir: Ege Üniversitesi Matbaası. 542-554.

Paul, Hermann / **Stolte**, Heinz (1962): *Kurze deutsche Grammatik.* Tübingen: Max Niemeyer Verlag.

Pelka, Roland (1982): Sprachliche Aspekte und Bedienungsanleitungen technischer Geräte und Maschinen. In: **Grosse**, Siegfried / **Mentrup**, Wolfgang: *Anweisungstexte*. Tübingen: Narr. 74-103.

Peters, Ludwig: (1947): *Grammatik der türkischen Sprache*. Berlin: Juncker.

Pichler, Wolfram W. (1994): Normen und Vorschriften in Redaktionsrichtlinien für Benutzerinformationen umsetzen. In: VDI (Hrsg.). 24-54.

Reichert, Ulfried (2010): *Globalisierung. Literaturen und Kulturen des Globalen*. Berlin: Akademie Verlag.

Reinart, Sylvia (2009): *Kulturspezifik in der Fachübersetzung. Die Bedeutung der Kulturkompetenz bei der Translation fachsprachlicher und fachbezogener Texte*. Berlin: Frank& Timme.

Reinhardt, Werner / **Köhler**, Claus / **Neubert**, Gunter (1992): *Deutsche Fachsprache der Technik.* Hildesheim: Olms.

Reiss, Katharina (1983): *Texttyp und Übersetzungsmethode. Der operative Text.* Heidelberg: Olms.

Reiss, Katharina / **Vermeer**, Hans J. (1984): *Grundlegung einer allgemeinen Translationstheorie*. Tübingen: Narr.

Ropohl, Günter (1988) :Zur Technisierung der Gesellschaft. In: Bungard, Walter / Lenk, Hans (Hrsg.) *Technikbewertung. Philosophische und psychologische Perspektiven.* Frankfurt a.M.: Suhrkamp. 79-97.

Safranski, Rüdiger (2003): *Wieviel Globalisierung verträgt der Mensch.* München: Fischer Verlag.

Sager, Juan C. (1986): Die Übersetzung im Kommunikationsprozess: Der Übersetzer in der Industrie. In: Snell-Hornby, Mary: *Übersetzungswissenschaft – Eine Neuorientierung.* Tübingen: Francke.

Saile, Günther (1984): *Sprache und Handlung. Eine sprachwissenschaftliche Untersuchung von Handhabe-Verben, Orts- und Richtungsadverbien am Beispiel von Gebrauchsanweisungen.* Braunschweig, Wiesbaden: Viehweg.

Sarı, Maksut (1995): *Der Einfluss der Zweitsprache (Deutsch) auf die Sprachentwicklung türkischer Gastarbeiterkinder in der Bundesrepublik.* Frankfurt am Main et al.: Peter Lang.

Satzger, Axel (2004): Die Bedienungsanleitung- ein Problem für Verfasser und Nutzer. In: Baumann, Klaus-Dieter / Kalverkämper, Hartwig (Hrsg.): *Pluralität in der Fachsprachenforschung.* Tübingen: Narr. 385-422.

Savaşçı, Özgür (1998): *Zusammengesetzte Sätze des Türkischen unter besonderer Berücksichtigung ihrer Wiedergabe im Deutschen.* München: Utz Verlag.

Schäffner, Christiane (2004): Übersetzungstheorie und Übersetzungspraxis im ‚Global Village' des 21. Jahrhunderts. In: Zybatow, Lew N. (Hrsg.): *Translation in der globalen Welt und neue Wege in der Sprach- und Übersetzerausbildung.* Frankfurt a.M. et al.: Peter Lang. 19-36.

Schmidt, Heide (1996): Der übersetzungsorientierte Vergleich textsortentypischer Makrostrukturen. In: Kalverkämper, Hartwig / Baumann, Klaus-Dieter (Hrsg.): *Fachliche Textsorten. Komponenten – Relationen – Strategien.* Tübingen: Narr. 426-457.

Schmidt, Siegfried (1972): Text als Forschungsobjekt der Texttheorie. In: *Der Deutschunterricht* 24.4. 7-28.

Schmitt, Peter (1999): *Translation und Technik.* Tübingen: Stauffenburg.

Schnelle, Helmut (1973): *Sprachphilosophie und Linguistik. Prinzipien der Sprachanalyse a piori und a posteriori.* Reinbek bei Hamburg: Rowohlt Taschenbuch Verlag.

Schreiber, Michael (2004): Sprechakte in Bedienungsanleitungen aus sprachvergleichender Sicht. In: *Lebende Sprachen.* 49-2. 52-55.

Schröder, Christoph (2009): gehen, laufen, torkeln: Eine typologisch gegründete Hypothese für den Schriftspracherwerb in der Zweitsprache Deutsch mit Erstsprache Türkisch. In: Schramm, Karen / Schröder, Christoph (Hrsg.): *Empirische Zugänge zu Spracherwerb und Sprachförderung in Deutsch als Zweitsprache*. Münster et al.: Waxmann. 185-202.

Searle, John Roger (1971): *Sprechakte. Ein sprachphilosophischer Essay*. Frankfurt a.M.: Suhrkamp.

Searle, John Roger (1976): A Classifications of Illocutionary Acts. In: *Language in Society* 5: 1-23.

Searle, John Roger (1998): *Ausdruck und Bedeutung*. Frankfurt a.M.: Suhrkamp.

Segeth, Wolfgang (1974): *Aufforderung als Denkform – Vom Wissen zum zielgerichteten Handeln*. Berlin: Akademie Verlag.

Serra-Borneto, Carlo (1996): Deutsch-italienische Gebrauchsanweisungen. Versuch einer kontrastiven Analyse. In: Spillner, Bernd (Hrsg.): *Stil in Fachsprachen*. Frankfurt a.M.: Peter Lang. 169-181.

Sokolova-Dontscheva, Galina (1990): Der Begriff des Nebenziels-ein Versuch theoretisch weiterführender Überlegungen zum sprachhandlungsbezogenen Textanalysemodell. In: *Zeitschrift für Germanistik* 11. 690-697.

Stahlheber, Eva (1992): Die Fachtextsorte Zeitschriftenartikel im Deutschen und Adress/Article im Amerikanischen: Popularisierungsgrad und Diachronie von Funktionen und Strukturen. In: Baumann, Klaus-Dieter / Kalverkämper, Hartwig (Hrsg.): *Kontrastive Fachsprachenforschung*. Tübingen: Narr. 162-189.

Statistisches Jahrbuch (2008): *Statistisches Jahrbuch. Für die Bundesrepublik Deutschland*. Wiesbaden: Statistisches Bundesamt Pressestelle.

Tanış Polat, Nilgin (2007): *Kulturelle Spielräume und Diskurse in narrativen Texten im Lichte der literarischen Übersetzung*. Izmir: Ege Üniversitesi Basımevi.

TDK Sözlük (2005): *Türkçe Sözlük. Ankara. Türk Dil Kurumu Yayınları.*

Tekinay, Alev (1987): *Sprachvergleich Deutsch-Türkisch*. Wiesbaden: Dr. Ludwig Reichert Verlag.

Tellenbach, Silvia (2008): *Das türkische Strafgesetzbuch-Türk Ceza Kanunu. Deutsche Übersetzung und Einführung*. Berlin: Duncker& Humblot.

Thomas, Alexander (Hrsg.) (1993): *Kulturvergleichende Psychologie: Eine Einführung.* Göttingen et al.: Hogrefe. Verlag für Psychologie.

Thomas, Alexander (Hrsg.) (1996): *Psychologie interkulturellen Handelns.* Göttingen et al.: Hogrefe. Verlag für Psychologie.

Tratschitt, Dagmar (1982): Über die Anleitungen, Anweisungstexte verständlich abzufassen. In: Grosse, Siegfried / Mentrup, Wolfgang (1982): *Anweisungstexte.* Tübingen: Narr. 159-171.

Ülkü, Vural (1993): *Almanca-Türkçe-Sözlük.* Ankara: TDK.

Vater, Heinz (2001): *Einführung in die Textlinguistik: Struktur, Thema und Referenz in Texten.* Stuttgart: UTB.

Wahrig, Gerhard (2006): *Deutsches Wörterbuch.* München: Bertelsmann Lexikon Verlag.

Walther-Klaus, Ellen (1987): Begriffsbestimmungen der Technik. In: Menne, Albert (Hrsg.): *Philosophische Probleme von Arbeit und Technik.* Darmstadt: Wissenschaftliche Buchgesellschaft. 203-213.

Weber, Heinrich (1982): Language for Specific Purposes, Text Typology and Text Analysis: Aspects of a Pragmatic-Functional Approach. In. Høedt, Jørgen et al. (Hrsg.): *Pragmatic and LSP. Proceedings of the 3rd European Symposium on LSP.* Kopenhagen: The Kopenhagen School of Economics.

Weinrich, Harald (1989): Formen der Wissenschaftssprache. In: *Jahrbuch 1988 der Akademie der Wissenschaften zu Berlin.* Berlin. 119-158.

Weinrich, Harald (32006): *Sprache, das heißt Sprachen. Mit einem vollständigen Schriftenverzeichnis des Autors 1956 – 2005.* Tübingen: Narr.

Werner, Georg-Wilhelm / **Heyne**, Wolfgang (1987): *Bedienungs- und Instandhaltungsanleitungen.Inhalt – Form – Gestaltung.* Berlin: VEB Verlag Technik.

Widdowson, Henry George (1979): *Explorations in Applied Linguistics.* Oxford: Oxford Univ. Press.

Witte, Heidrun (2000): *Die Kulturkompetenz des Translators. Begriffliche Grundlegung und Didaktisierung.* Tübingen: Stauffenburg.

Wunderlich, Dieter (1976): *Studien zur Sprechakttheorie.* Frankfurt a.M.: Suhrkamp.

Zieten, Werner (1988): Bedienungsanleitungen wie der Kunde sie wünscht! In: Bungarten, Theo (Hrsg.): *Sprache und Information in Wirtschaft und Gesell-*

schaft. Referate eines Internationalen Kongresses. Tostedt: Attikon. 253-261.

Zieten, Werner (1990): *Gebrauchs- und Bedienungsanleitungen. Direkt, wirksam, einfach und einleuchtend.* Langsberg am Lech: Verlag Moderne Industrie.

Internetquellen

https://portal.bsh-partner.com/portal%28bD1kZSZjPTAwOQ==%29/PORTALFRAME.HTM

https://portal.bsh-partner.com/portal%28bD1kZSZjPTAwOQ==%29/PORTALFRAME.HTM

http://www.arcelik.com.tr/default.aspx?lang=tr-TR

http://www.beko.com.tr/default.aspx?lang=tr-TR

http://www.privileg.de/service/bedienungsanleitungen.html

http://www.bauknecht.de/kundencenter_bedienungsanleitungen_bedienungsanleitungen.content.html

http://de.wikipedia.org/wiki/Milli_E%C4%9Fitim_Bakanl%C4%B1%C4%9F%C4%B1

http://de.wikipedia.org/wiki/T%C3%BCrk_Dil_Kurumu

http://de.wikipedia.org/wiki/Toilette

FORUM FÜR FACHSPRACHEN-FORSCHU

Die Bände 1 bis 77 sind im Verlag Gunter Narr erschienen.

Band 78 Hartwig Kalverkämper: Textsortengeschichte und Fächertradition. Systeme im Wandel zwischen französischer Klassik und Aufklärung (1650–1750). ISBN 978-3-86596-175-4

Band 79 Jin Zhao: Interkulturalität von Textsortenkonventionen. Vergleich deutscher und chinesischer Kulturstile: Imagebroschüren. 392 Seiten. ISBN 978-3-86596-169-3

Band 80 Klaus-Dieter Baumann/Hartwig Kalverkämper [Hg.]: Fachtextsorten – in – Vernetzung. Interdisziplinäre Innovationen. ISBN 978-3-86596-160-0

Band 81 Henrike Täuscher: Fachlichkeit in der Werbung für Laien: Deutsche und französische Anzeigen im Vergleich. ISBN 978-3-86596-162-4

Band 82 Tim Peters: Macht im Kommunikationsgefälle: der Arzt und sein Patient. 212 Seiten. ISBN 978-3-86596-181-5

Band 83 Hans P. Krings/Felix Mayer (Hg.): Sprachenvielfalt im Kontext von Fachkommunikation, Übersetzung und Fremdsprachenunterricht. Für Reiner Arntz zum 65. Geburtstag. 530 Seiten. ISBN 978-3-86596-192-1

Band 84 Encarnación Tabares Plasencia/Vessela Ivanova/Elke Krüger (Eds.): Análisis lingüístico contrastivo de textos especializados en español y alemán. 258 Seiten. ISBN 978-3-86596-190-7

Band 85 Nancy Hadlich: Analyse evidenter Anglizismen in Psychiatrie und Logistik. 458 Seiten. ISBN 978-3-86596-380-2

F Frank & Timme

Verlag für wissenschaftliche Literatur

FORUM FÜR FACHSPRACHEN-FORSCHUNG

Band 86 Eva Martha Eckkrammer (Ed.): La comparación en los lenguajes de especialidad. 302 Seiten. ISBN 978-3-86596-216-4

Band 87 Maria Mushchinina: Rechtsterminologie – ein Beschreibungsmodell. Das russische Recht des geistigen Eigentums. 396 Seiten. ISBN 978-3-86596-218-8

Band 88 Sylvia Reinart: Kulturspezifik in der Fachübersetzung. Die Bedeutung der Kulturkompetenz bei der Translation fachsprachlicher und fachbezogener Texte. 562 Seiten. ISBN 978-3-86596-235-5

Band 89 Radegundis Stolze: Fachübersetzen – Ein Lehrbuch für Theorie und Praxis. 3. Auflage. 420 Seiten. ISBN 978-3-86596-257-7

Band 90 Carmen Heine: Modell zur Produktion von Online-Hilfen. 318 Seiten mit CD. ISBN 978-3-86596-263-8

Band 91 Brigitte Horn-Helf: Konventionen technischer Kommunikation: Makro- und mikrokulturelle Kontraste in Anleitungen. 614 Seiten mit CD. ISBN 978-3-86596-233-1

Band 92 Marina Adams: Wandel im Fach. Historiographie von DaF als Fachsprachen-Disziplin in der DDR. 460 Seiten. ISBN 978-3-86596-269-0

Band 93 Carsten Sinner: Wissenschaftliches Schreiben in Portugal zum Ende des *Antigo Regime* (1779–1821). Die Memórias económicas der *Academia das Ciências de Lisboa*. 714 Seiten. ISBN 978-3-86596-277-5

Band 94 Laurent Gautier (éd.): Les discours de la bourse et de la finance. 186 Seiten. ISBN 978-3-86596-302-4

Frank & Timme

Verlag für wissenschaftliche Literatur

Band 96 Julia Neu: Mündliche Fachtexte der französischen Rechtssprache. 294 Seiten. ISBN 978-3-86596-351-2

Band 97 Mehmet Tahir Öncü: Probleme interkultureller Kommunikation bei Gerichtsverhandlungen mit Türken und Deutschen. 168 Seiten. ISBN 978-3-86596-387-1

Bd. 98/99 Klaus-Dieter Baumann (Hg.): Fach – Translat – Kultur. Interdisziplinäre Aspekte der vernetzten Vielfalt. 2 Bände im Schuber, zus. 1562 Seiten. ISBN 978-3-86596-209-6

Band 100 Hartwig Kalverkämper (Hg.): Fachkommunikation im Fokus – Paradigmen, Positionen, Perspektiven. 1040 Seiten. ISBN 978-3-7329-0214-9

Band 102 Anastasiya Kornetzki: Contrastive Analysis of News Text Types in Russian, British and American Business Online and Print Media. 378 Seiten. ISBN 978-3-86596-420-5

Band 103 Ingrid Simonnæs: Rechtskommunikation national und international im Spannungsfeld von Hermeneutik, Kognition und Pragmatik. 304 Seiten. ISBN 978-3-86596-427-4

Band 104 Svenja Dufferain: Tyronyme – zur strategischen Wortbildung französischer Käsemarkennamen. 140 Seiten. ISBN 978-3-86596-428-1

Band 106/107 Eva Martha Eckkrammer: Medizin für den Laien: Vom Pesttraktat zum digitalen Ratgebertext. 2 Bände im Schuber, zus. 1328 Seiten. ISBN 978-3-86596-312-3

Band 108 Lucia Udvari: Einführung in die Technik der Rechtsübersetzung vom Italienischen ins Deutsche. Ein Arbeitsbuch mit interdisziplinärem Ansatz. 316 Seiten. ISBN 978-3-86596-516-5

Frank & Timme

Verlag für wissenschaftliche Literatur

FORUM FÜR FACHSPRACHEN-FORSCHUNG

Band 109 Mehmet Tahir Öncü: Kulturspezifische Aspekte in technischen Texten. Eine Analyse deutsch- und türkischsprachiger Gebrauchsanleitungen. 212 Seiten. ISBN 978-3-86596-517-2

Band 110 Cornelia Griebel: Rechtsübersetzung und Rechtswissen. Kognitionstranslatologische Überlegungen und empirische Untersuchung des Übersetzungsprozesses. 432 Seiten mit CD. ISBN 978-3-86596-534-9

Band 111 Laura Sergo/Ursula Wienen/Vahram Atayan (Hg.): Fachsprache(n) in der Romania. Entwicklung, Verwendung, Übersetzung. 458 Seiten. ISBN 978-3-86596-404-5

Band 112 Birte Möpert: Die Fachsprache des Tanzes. 218 Seiten. ISBN 978-3-7329-0012-1

Band 113 Marina Brambilla/Joachim Gerdes/Chiara Messina (Hg.): Diatopische Variation in der deutschen Rechtssprache. 382 Seiten. ISBN 978-3-86596-447-2

Band 114 Christiane Zehrer: Wissenskommunikation in der technischen Redaktion. Die situierte Gestaltung adäquater Kommunikation. 406 Seiten. ISBN 978-3-7329-0032-9

Band 115 Tanja Wissik: Terminologische Variation in der Rechts- und Verwaltungssprache. Deutschland – Österreich – Schweiz. 394 Seiten. ISBN 978-3-7329-0004-6

Band 116 Larissa Alexandrovna Manerko/Klaus-Dieter Baumann/Hartwig Kalverkämper (eds.): Terminology Science in Russia today. From the Past to the Future. 460 Seiten. ISBN 978-3-7329-0051-0

Frank & Timme

Verlag für wissenschaftliche Literatur